从你的青春期路过

陈文成 / 著

江西科学技术出版社

2018 · 南昌

图书在版编目(CIP)数据

从你的青春期路过 / 陈文成著. -- 南昌 : 江西科学技术出版社, 2018.5（2018.6 重印）

ISBN 978-7-5390-5603-6

Ⅰ. ①从… Ⅱ. ①陈… Ⅲ. ①青春期 – 青少年心理学 Ⅳ. ①B844.2

中国版本图书馆CIP数据核字（2018）第038840号

国际互联网（Internet）地址：

http://www.jxkjcbs.com

选题序号：ZK2017208

图书代码：D18018-102

从你的青春期路过　　陈文成　著

出版发行　江西科学技术出版社

社址　南昌市蓼洲街2号附1号

邮编：330009　电话：(0791)86623491　86639342(传真)

印刷　南昌市红星印刷有限公司

经销　各地新华书店

尺寸　148 mm × 210 mm　1/32

字数　150千字

印张　8.75

版次　2018年5月第1版　2018年6月第2次印刷

书号　ISBN 978-7-5390-5603-6

定价　29.80元

赣版权登字-03-2018-33

平凡的故事，娓娓的倾诉。
说的是孩子，受益的是你。

序：从你的青春期路过

2016年12月12日凌晨一点，我坐在书桌前敲下了第一个字，也就是从那时起，我变得神经质，甚至有点儿不太正常。我推掉了所有的聚会，不再刷微博，朋友们一度以为我出家了。但今天，我终于可以松口气，让大家知道我在干什么。这一年，我利用所有可以利用的时间，坐在电脑前，远离这个复杂诱人的世界，将敲击键盘当成是和女孩子相亲约会，断断续续地写了这本《从你的青春期路过》。接下去我要说的话，不论你是否接受，都是我内心最真实的声音。

40岁之前，我渴望实现三个“梦想”。

一是站在万人面前激情演讲，二是找到一个漂亮的媳妇儿，三是写一本能够让人喜爱的书。直到现在，我才发现，我唯一实现的就是勉强写成这本书。而且，这本书是不是为读者所喜爱，我相当忐忑。

现在的社会，人际关系错综复杂，拜金主义甚嚣尘上，许多人正为此而变得烦躁不安。人们在获得财富的同时，也失去了许多的幸福。成人尚且如此，孩子呢？中国的孩子承受的压力有多大，我想任何一个国人都能想象。但今天，我更想谈谈一类处于特殊阶段的孩子——青春期的孩子。很多人认为他们总是闹独立、爱叛逆，有点“作”，也没啥大不了的嘛！你错了，现状远没有你想象的简单。仅这几年，处在青春期的孩子出现抑郁、焦虑、情感困惑的比例正显著上升，“校园欺凌”“厌学逃学”“手机上瘾”“亲子冲突”愈演愈烈。社会环境的巨变，让他们的“三观”发生了颠覆性的变化。而网络与手机的过度使用，又让他们的行为越来越偏执。

一个成绩优异的男生，一见到学校的旗杆就浑身哆嗦。一个女生对着自己的父母咆哮：“只要你们在，我就不回家！”一个长相甜美的女生直言：“我想整成范冰冰。”我喜欢这些孩子，他们年轻、单纯、善良、有超前的思想，但就是不成熟。我见过太多饱受煎熬的青春期孩子，他们的家庭条件大多优越，可他们就是不快乐。可能因为我懂那么一点儿心理学，很多学校邀我去演讲，让我给孩子和孩子家长上课，我也很认真地去做那些事儿。可我发现：不论我如何努力，我也只能影响极少部分的人。

于是，我想换一种方式，把我所有的想法，用文字的形式表达出来，传递一种健康快乐的信念。我想让更多的人明白：他们，首先是孩子，然后才是学生。孩子的心灵健康、人格成长远比分数重要得多。

这也是我写这本书的初衷。

书中，一个名叫杜仁的心理师，在都市一个偏僻的工作室里，接待着形形色色处于青春期的孩子们，听着他们精彩而又天马行空的故事，为他们清理心灵上的尘埃。这些孩子，有的失眠，有的失恋，还有的疯狂迷恋歌星。在和孩子们一次次的对话中，杜仁逐步地解决了他们的问题。同时，他也逐渐认清了自己的多面人格，变得更加乐观、干净。很多读者朋友都认为杜仁很像那座天桥下那个戴着墨镜的算命老王，能看透人心，我却只把这当笑话看。我很喜欢这个人物，但他只是一个普通人，有时也会犯浑、浮躁。他只是一个缩影，是这个社会上所有用心做好事，积功德的普通人的缩影，这样的人越多，我们的生活就越美好。杜仁像是一面镜子，折射出当下许多青少年的问题。噢，对了，本书所有的人和故事，纯属虚构，如有雷同，实属巧合。

如果你认为本书只适合青春期孩子或家长们阅读，那你就错了。一天下午，一位50多岁的外企老总在我的书房里，不经意间阅读了书中的几个故事。他好奇地对我说："文成，你书中明明都在写孩子，怎么读下来感觉是在说我年轻时候的故事。"我笑了。我们都生活在这个快节奏的时代，早已跃马扬鞭，忘了自己是谁。其实，我们每个人的心底都有个叛逆躁动的“青春期”。当我们迷茫、无助的时候，就会退回到这个“青春期”，我们会像青春期的孩子一样彷徨、任性，希望得到所有人的关怀。人性是相通的，我们都曾年轻过，谁都不完美。书中的故事的确是在说孩子，但如果孩子的情绪和思想引起了你的联想与思考，甚至帮助你开始寻找那个曾经迷茫但又真实的自己，那这本书对你就是有价值的。

这本书最初的书名是《别伤在青春期》，但之后我决定放弃它，因为太消极。每个人的青春期，虽有风暴，但大都还是美好的、精彩的、积极向上的。因此，我几经思量，反复推敲，最终确定了《从你的青春期路过》作为本书的书名。路过，是一种中立的态度，更是一种理解与关注。当青春期的孩子偶尔出现了一些心理困惑的时候，我们更应该用“路过”的心态，停下来，听他们娓娓述说。

本书的语言极其随性，不拘一格，绝算不上华美，但它并非是一本哗众取宠的小说，用极其曲折甚至神奇的故事来讨好读者。本书也未涉及许多高深的心理学理论，读者们也可以轻松地从故事的字里行间感受每个人物的情绪起伏。当然，本书中每个故事的最后都有相应的分析和建议，就像《射雕英雄传》里的“降龙十八掌”，解决问题的招数是固定的，套路也是固定的，但如何根据不同的情境灵活使用，就看你个人的能力了。

本书适合大众阅读，或可解释过去的因，或可解决当下的果，尤其适合三类人阅读。

第一类是处于青春期的孩子。因为阅读本书后，你们会明白这个阶段为什么自己会感到那么无助与迷茫。

第二类是孩子的家长。因为阅读本书后，你们会了解孩子无厘头的行为背后，究竟透露着什么样的玄机。你们会进入到孩子的内心，了解事实的真相，更加包容孩子，让孩子在家庭里享受属于他们独有的那份温暖。

第三类是处于迷茫期的成人。因为阅读本书后，你们会逐渐找到那个迷失的自己。青春期孩子的许多困惑，也正是你曾经或者现在所遭遇的，说的是孩子，受益的是你。在书中，你能看到自己的不足，重新燃起一份执着的信念。

有人不禁会问，这个年代读书还有用吗？我觉得有用。也许你刚读完后没啥强烈的感觉，但我相信：当你一个人独处时，候车时，甚至发呆时，你会想起书中的一些片段，它会慢慢变成你的信念，让你的生活更加有味。所以，我要把这本书当作礼物，献给所有追求幸福的人，献给所有心中还有那么点激情的人！

我希望，这本书能成为一束光，照亮你的前路，为前行的你增添一丝温暖。

现在，就让我们一同聆听这些故事，聆听故事中所有人的声音！

希望在故事中，你会遇见自己！

2018年3月作于宁波东钱湖

目 录

故事一　一张模糊不清的脸

从　你　的　青　春　期　路　过

原本我们都在吃饭……他……他闯了进来，指着我们大家，在说什么。我看不清他的脸，他好凶，好像要杀了我们一样，嘴里一直在叽里咕噜说些什么，好像是要债什么的，好像随时要冲过来一样！

有人说这个世界很美好，因为有阳光、沙滩和快感。还有人说，这个世界很阴暗，因为有雨天、雾霾和无奈。这个世界究竟给你什么感受，每个人的答案或许都不一样。

凌晨，我以160迈的速度，飞驰在高速公路上，外面下着小雨。打开某个电台，一个声音充满磁性的男人说："人，这辈子，最大的勇气，就是守护着自己内心的破碎。"我看着前面车窗上不断跌落的雨滴，狠狠地点了下头。世界注定是破碎的，可人心呢？

我叫杜仁，是一名心理医师。文雅地说，我是一名与人性打交道的工作者。

我的工作室坐落在都市里一个偏僻的胡同

里，闹中取静。这里可以给人带来原始的安全、封闭和温暖。在这里，你能聆听自己潜意识的呼唤；在这里，我会用催眠、自由联想、沙盘等一些技术手段为来访者排忧解难，舒缓情绪。每天，我迎接着完全不一样的倾诉者，听着他们精彩而又天马行空甚至充满玄幻的故事。

热情、善良、专业，还有一点点的无私，为我赢得了一定的社会声誉。平时，我的任务就是帮助来访者减轻他们的烦恼，让他们重拾信心，提高生活的品质。许多人喜欢跟我聊天，喜欢听我分析他们的精神世界。我们的对话没有深奥的心理学名词和专业术语，有的只是理解和温情。

坐在清冷的工作室里，冲一杯淡淡的卡布奇诺，我等待着她。

不一会儿，一位女孩儿走进来，个子不高，体态微胖，略显拘束。

我招呼她：“你好，是晓阳吧，快坐。”她胖嘟嘟的脸上，长着几颗略显稚气的青春痘。她披着一件粉红色的外套，只是两眼无神，看上去没什么血色，感觉睡眠不好，头发有些凌乱。

晓阳在我的对面坐下，一言不发，头始终下垂，沉默了三分钟。

“晓阳，你肯定是遇到了什么困难，也可能是受到了什么创伤，或者是苦于没有应对某种困境的方法，这都没关系，我们一起来解决。你来到这里，说明你已经是一个勇敢的孩子。这里是一个安全的、没有危险的地方。请你相信我，好吗？”

她略抬头，目光上移，有点迷离，有点落寞。

虽然上面这些话我每天重复N遍，但是对大多数存在疑虑的来访者仍然有效。

她抿了抿嘴，沉思了半分钟，似乎想说点儿什么，但又咽了回去。我可以想象此时她内心的纠结。我把水杯推给了她。她忽然眼睛睁得老大，“你……你相信这个世界上有鬼吗？”

“你相信吗，晓阳？”我把主动权还给了她。

“我觉得有，而且就在我身边，这几天我感觉到了，都看见他了。”她的音量渐渐变大，煞有其事。

“什么鬼？真看清楚了？你能具体描述一下吗？”究竟这鬼长什么样，这鬼对她的心理究竟产生了怎样的影响，我很好奇。

“我看不太清楚鬼的面孔，我也不确定是不是真的鬼……反正这两天只要一到晚上，他就来找我，太……太可怕了！”她双手抱头，很害怕。她出汗了，精神很紧张。

“好吧，你先喝口水。”我稳定住她的情绪，“然后呢？他想伤害你？”

“那倒没有，我只看见他……站在那里，什么也没做，就……对，一直站在那里，不动，很可怕！”说实话，听到这里，我也有些莫名的紧张，但我不能表现出来。我深吸了一口气，又慢慢吐了出来。

“这么说，你现在一闭上眼睛就能看见这个人。你在害怕什么？是这个人的眼神太凌厉？是这个人的样子很可怕？还是他给你的感觉很恐怖？”除了墙上挂钟的嘀嗒声，整个工作室显得异常安静。“来，你试想下，宇宙正在缩小，小到只剩下这个房间，房间里有一张床，这时你会感到不舒服，是吗？别心急，有什么感觉都告诉我。”我慢慢说道。

她转了转眼珠，显然有些不情愿地回忆着当时的情形，人也微微地颤动，这个时候不能打扰她。我把视线也转向了侧前方的鱼缸。我的头有点昏沉，思维仿佛也退化了，鱼缸的样子似乎更像是梦境一般，我似乎回到了暖暖的孩提时代。小时候，我总喜欢待在封闭的地方，比如储藏杂物的小房间，仿佛那里更有安全感，能抵抗外界的侵扰。而在那里，伪装的盔甲会被卸去，人也将流露出最真实的内心。

晓阳开口了：“杜医师，我也说不好我害怕什么，我觉得他应该不会伤害我。但我就是害怕他，害怕他靠近我，害怕他身上的那种力量……我也说不好。”她脸上还是充满了紧张和不舒服，双手紧握，“我爸妈也都一直安慰我，叫我不要害怕，不要有压力。可我还是控制不住去想，一关灯就想得厉害，现在我睡觉连灯都不敢关，至少床前的那盏灯不能关，一关灯心跳就会快，我该怎么办？”她说着说着，豆大的泪珠从眼中落了下来。

我拿出一盒纸巾，抽了两张，递给了她。我告诉她：“这并不是什么病，而是很普通的情绪反应。从现在开始，你要时刻说出自己的真实感受，可以吗？”

“好的，我会告诉你的。”她平复了些许情绪。

“你多大了？家里还有其他兄弟姐妹吗？你和父母的关系怎样？”

“我十六了，家里还有一个妹妹，我是姐姐，和爸爸妈妈关系一般，也谈不上有多亲。”

“那你除了晚上害怕关灯，怕见着那个人，在其他地方还会感到害怕吗？”

“我这两天晚上放学的时候，也会让两个闺密陪我一起回去，没她们不行。一个人走在楼梯上，我都会觉得有影子在那边。”她不时地咬着嘴唇，眼神一直处于游离状态。但说到影子时，她的眼神立刻聚焦，还不住地往门那边看。我是从不迷信鬼神的，可她的眼神把我也带到了那虚幻的恐怖之境。苍天哪，这是现实版的恐怖片吗？

“嗯，好的，晓阳，今天你说得非常好！这样吧，今天你先回去，一周后再到我这里来，我们一起来‘赶鬼’，好吗？还有，你今天回去后完成一项作业，好吗？回想一下你小时候有过怕黑或者害怕黑影的经历，下次过来说给我听，OK？”

“好的，不过，我不能保证一定说得全。”

她的精神感觉比刚来时好些了，至少她当面说出了那些令她头痛的问题。其实，在很多同龄人眼里，这种害怕是相当愚蠢可笑，甚至是荒谬的，而在我这里能够得到充分的尊重与理解。

我半躺在沙发上，闭上眼睛。黑暗恐惧症——这是第一个闪入我脑中的名词。这是一种对黑暗的恐惧，并伴有强烈的反应，如胸闷、心跳加速、手脚发麻等。晓阳虽然存在这些症状，但她恐惧的对象并不是纯粹的黑暗，而是黑暗中的“那个人”，那个看不清面孔的“人”。那么，接下来有这些问题需要厘清：她小时候有没有类似的经历？这个看不清面孔的“人”究竟代表什么？他生活中的原型又是什么？如果找不到原型，该如何帮她缓解这种恐怖压抑的情绪？想着这些急需弄清楚的问题，我的头有点痛了，先回宿舍吧。

我的宿舍离工作室很近，几步路就到了。一个人住着宽敞的单人间，设施一应俱全。每当阳光和煦的日子，我都会泡一杯茶，在阳台享受阳光的沐浴。我还会在宿舍里摆放一些书，有心理学的，有教育学的，有科普类的，还有文学类的。我喜欢看书的感觉，享受某种独特的孤独和清净。

我看书时常常会放舒缓的音乐，例如轻柔的古典乐。在我眼中，音乐是一种调料，也是一种魔法，具有特别的感染力。它可以催人奋进，也可以让人精神麻痹，使人堕落。此时，我放着轻松的音乐，随手拿起一本散文集，让自己放松。只有自己放松了，大脑细胞就活了，人才能开始思考。

晓阳被恐惧束缚了，我们何尝不是？我们会怕毛毛虫，怕蛇，怕黑，怕蝙蝠，甚至怕蝴蝶翅膀上的斑纹，怕我们一切会怕的东西。我们在恐惧的阴影下生活了多年。我们渴望独立，渴望无所畏惧，但与生俱来的怯懦却使我们无法脱身。我们会思考和挣扎，但总被现实的恐惧禁锢。其实，在现实中，没有什么能捆绑住我们的内心，作祟的只是原始的寂寥和妄图追求完美的心结。如果我们被恐惧俘虏，带着枷锁前行，我们一辈子都无法心安。

一周后，约定的时间到了，晓阳并没有如约而至，这令我有点儿不安，是不是治疗方向出现了问题？还是晓阳又出现了阻抗？正当我纳闷的时候，晓阳和她妈妈一起来了。晓阳妈妈背有点儿驼，眼神很焦急："杜医师吧，你说我女儿这害怕的毛病能不能治啊？”

我微笑着请她们坐下：“阿姨，您先别急，让我再多了解一些情况。”

“好的，我们一定配合。”晓阳妈妈语气很坚定。晓阳和她妈妈的配合态度让我很放心。通常，大多数的来访者压根儿没打算说真话，而只想让我帮他们快速解决目前的问题。

“晓阳从小就很胆小吗？小时候她出现过怕黑或者其他类似的情况吗？”

“这我不好说。晓阳小时候在乡下长大，她还是小丫头的时候，我和他爸因为要进城打工，没时间养她，只好让外婆带。可本身外婆也有舅舅家的两个小孩要带，所以她打小就过得不好，我们也只是有空了去乡下看望她一下。说实在的，这也是我们做父母的没尽到自己的职责。”说到这里，晓阳妈妈轻声抽泣，“后来，她跟着我们进城上小学，我们开始管她了，可是这孩子跟我们也不是很亲。阳儿，你自己讲吧。”

“小时候也怕啊。外婆、舅舅，还有村里的人讲过很多鬼故事，听得我都吓死了。有一次，听外婆说，晚上有人在身边摸她的手什么的，听得我都不敢晚上去上厕所了。乡村的田间一到晚上就特别恐怖，黑漆漆的。还有一个传说，我家后院的那块荒地，听隔壁的四姑说，以前好像死过人，尸体就埋在下面，好恐怖。”晓阳描述的这些事儿，就好像昨天刚发生的一样。

“你还有什么事，都要和杜医师说清楚啊。”晓阳妈妈在旁边催促着。

“你不要打断我。”晓阳不耐烦了。

“晓阳，你打小在乡下生活，怕不怕什么传说中的魑魅魍魉？”

“你是指那些所谓的鬼怪吗？有一点儿，不过还好，我们那里还有跳大神的，我外婆常提起，以前有点儿害怕，现在好些了。我怕黑暗中的那个人，怕他来找我。以前我一个人睡觉的时候，常常会有种感觉，在窗户那边总有人，仔细盯着我，又好像没有人。会不会是一种幻觉？我们那里有时风会很大，常常吹着窗户嘎吱嘎吱响，我都挺怕的，老抓着外婆的衣服睡。”说起这些，晓阳一直拉着妈妈的衣服。

“你喜欢文学吗？喜欢思考问题吗？喜欢幻想吗？”

“喜欢啊，我常常喜欢一个人思考，想象那些文学作品里的人。”

她很敏感，思想奔逸，热爱写作，可这恰恰是她恐惧黑暗的性格基础。女性怕黑的人数远远多于男性，这跟女性与生俱来的性格有关。女性天生比较胆小，心思比较细腻，而且富于幻想。黑暗并不可怕，但女性会想象其中潜伏着的危险，结果越想越危险。而对于晓阳来说，她从小得到的情感关爱偏少，童年期的经历对于她来说并不是很幸福，黑暗代表着未知的东西，代表着能量的枯竭，怕黑只是内心安全感缺乏的写照。凡是怕黑的人，童年多半都有一段孤独的经历，这样的童年经历容易让人对环境产生极度的不安全感，白天看得清周围的环境还好些，一到夜晚看不清周围时，恐惧感就会剧增，再加上鬼怪之说的渲染，日复一日，就养成了怕黑、怕鬼甚至怕人的习惯。

现在可以肯定的是，晓阳怕黑和她小时候缺乏亲情照顾有关，也和她的个性有关。那么核心问题就很清楚了：那个看不清面孔的“人”究竟代表着什么？他为什么会让晓阳感到如此恐惧？

在这次与母女俩的对话结束时，我建议晓阳的妈妈这段时间尽可能多花点儿时间陪伴在女儿身边，尽量多营造一些温馨的气氛，不用过多计较这段时间的学习成绩。

又是一周后，晓阳如约而至，看上去表情还算轻松。

“杜医师，这两天我和爸爸妈妈一起睡觉，感觉家里很温暖，谢谢您。但一到晚上睡觉的时候，我还是会不自觉地觉得有个人站在我床头，我就觉得特别害怕。”

“为什么那个人接二连三地找你呢？你好好想想，我记得你曾经说过，他的脸你看不清，你再试着回忆一下，能否描述一下？”我鼓励她回忆。

“杜医师，说实话我白天尽量不去想，但我也努力想过，想不起来他长什么样了，总之看不清，灰蒙蒙的，挺可怕的。他好像要冲过来，但就是不过来。我不想想了。”

“你听说过催眠吗？晓阳，催眠是一种手段和技术，它能帮助你回到过去，帮助你了解自己究竟恐惧的是什么。”

“是吗？感觉好神奇！真的吗？催眠这么厉害！能知道我过去的事情？”她有点儿不解。

“是的，催眠有这样的功能，我曾经用它帮助过一些人，效果都还不错。你愿不愿意尝试下呢？”我继续解释，“不过，也不一定对你有效果，有些人用了催眠也没用的。”

“我相信您，试试吧。”

“好吧，那我们开始吧。记住，不管在催眠过程中你感觉到了什么，都要说出来。没关系的，我在你身边，什么也不用怕。”

“嗯。”

我把晓阳带进了音乐放松室，这里的杂音极少，来访者一般都会感到很惬意。我让晓阳平躺在放松椅上，让她放松全身的每一寸肌肉。此时的她，呼吸也很平稳均匀。我想她已经进入很美妙的状态了。

我降低音量，开启一段森林的音乐，“现在，你很平静，很安详。你很平稳地，向前走，向前走……你走到了一扇门前，这扇门是意识和潜意识的交界之门，请用力推开它……好的，你做到了。然后你看到了门后面是长长的隧道，这隧道就是你的生命隧道，越往前走你的年龄就越小，你将渐渐走到你的少年期、童年期，最后是婴儿期。请想象你在时光隧道上散步，你越走越远，越走越远……你能描述下你的感受吗？”

“我看见了老房子，是我小时候住的地方，不大……”

“你继续朝前走，朝前走……慢慢来，很好……你看见那个人了吗，那个令人害怕的人？”

“还没有……我现在和外婆在一起，很开心。”此时晓阳脸上洋溢着幸福的微笑，嘴角微微上扬。

“好的，你沿着时光隧道继续往前走，你的年龄也不断变小，想象自己的身体不断缩小，想象自己是个小女孩，和好朋友一起玩捉迷藏，和同龄的小伙伴一起玩耍，很开心……大家一起说说笑笑，在田间捉鱼，在池塘边嬉戏玩耍。你也很开心吧？”

“嗯……嗯……”晓阳的声音越来越低沉，我知道她已经进入了童年时代，正在享受片刻的欢愉，所以我不会立即打断这种气氛。让她在幸福的孩提时代里好好享受一会儿吧。

过了十分钟，我开始继续引导，“现在你已经回到了小时候的家，说说里面都有谁？”

“这是我的家，有外婆、舅舅、叔公、妹妹……，我们在院子里一起吃饭……”当我正准备引导她进入下面的场景时，晓阳忽然脸色发白，手心不断冒汗，身体也在抽搐着，“是他……就是他，他的模样好可怕，我看不清他的五官，太可怕了……就是他！我害怕！我害怕！”

我知道，此时她正经历着一个非常痛苦的过程，而这个过程对于解决她的恐惧问题是至关重要的，所以我一边鼓励她，一边安慰她把场景继续下去。

“原本我们都在吃饭，他……他闯了进来，指着我们大家，在说什么……我看不清楚他的脸，他好凶，好像要杀了我们一样！嘴里一直在叽里咕噜说些什么，好像是要债什么的，好像随时要冲过来一样！”晓阳脸上显得非常痛苦。

“你们家人的反应呢？外婆呢？”

“外婆很害怕，紧紧地抱住我，眼睛睁得很大，身体在发抖。”

“那个人那么凶，他有没有对你们动手呢？”

“没有，他没有，只是在说话，说得很大声，但我只听懂什么要我们还钱，反正是很难听的话。”

“这时候你几岁？你知道这个人是干吗的吗？”

“我7岁，我不知道他是干什么的，反正眼神很吓人，我好怕他的眼神。”说着说着，她又开始蠕动身体，语速也越来越慢。

我让她慢慢地从院子里走出来，沿着时光隧道走回来。“晓阳，你回来了，现在你很安全。”慢慢睁开眼睛的晓阳，情绪显得有些低落，神情有些萎靡。我知道，这时的她需要一点儿时间来平复情绪。我递给她一盒纸巾，示意她擦擦额头上的汗珠。晓阳眼睛一直望着白茫茫的墙。

令人费解的“鬼”已经浮出水面了，这在我的计划之中。因为人在催眠的状态下，很容易打开尘封的潜意识大门，一些压抑的无法意识到的思想、场景和人物都会瞬间涌现出来。同样的，压抑的情绪也会涌现出来。此时，为了让她能够体验这种强烈的情绪，我只能让她独自去感受和宣泄。

在这次简短的催眠过程中，晓阳按照我的引导，回到7岁时，看到的似乎是向他们家要债的、一个凶神恶煞的男人，一个令她非常恐惧的男人。这是真实的场景写照，也是晓阳潜意识的画面，是触及她灵魂深处的反射，这令我感到欣喜——如果在深度放松的情况下无法找到这个人的原型，就意味着压抑的情绪没有对象，这将会给接下去的治疗造成相当大的阻碍。

“晓阳，能谈下你的感受吗？想到什么说什么。”

“有一种莫名的放松感，我终于想起他了，他是个要债的，我们全家都有点儿怕他。”

“那你现在想起他或者看见他，还害怕吗？”

“还是挺害怕的，害怕他会伤害我的家人，会伤害我。”

“为什么呢？”

“因为他是我们村的一个很难缠的人，好多人怕他，不只是我。”

“但是他并没有做出什么实质上伤害你的行为啊？”我故意为这个人辩解。

“虽然没做什么，但我感觉他是个坏人，会随时冲到我跟前做坏事！”

这番谈话后，我让晓阳回去了，要求她减少晚上睡觉开灯的时间，并让她坚持每晚独立睡觉两小时。

我可以理解，一个年幼的孩子在目睹了一个凶恶无理的男人后的恐惧。此时的我陷入了一个两难境地，是继续挖掘下去，还是就此打住。在经过一番深思熟虑后，我决定还是顺着治疗的思路，把重心放在如何调整潜意识中这个男人和晓阳的关系上，让晓阳重新认识这个恐怖的“讨债鬼”。

临近小长假，我和晓阳的治疗暂停了一周。第四周，她再次走进了我的工作室。看得出来，这一次她的精神状态比之前又好了很多。

“节日里有没有按照我说的做啊？有没有自己睡啊？”

“有时候还是会有点儿害怕，不过关灯时间长一点儿了，也可能是累极了，我也说不好。”

“杜医师，妈妈打电话问了我外婆关于要债的那个人，他是原来我们村里的，因为我们造房子欠了他一点儿钱，他就三天两头向我们要债，外婆说他已经不住在村里了。不过，我晚上有时还是会看见他，还是会紧张，我该怎么办啊，杜医师？”

“我们再做一次催眠吧。”

“哦……好吧。”

我把晓阳带到音乐放松室，和上次一样让她全身放松，不过这次我换了导入的音乐，换成更加幽静的一段清新的音乐……

“现在你走进当时的院子里，你们一家人正在吃饭，你能看得到吗？”

“嗯。”

“描述一下周围的场景。”

“院子很热闹，没有风，蝉在叫，刚下过雨。”

“你身边有谁啊？”

“外婆，舅舅，舅舅家的孩子，还有隔壁家的小孩儿。”

“你们在干什么？”

“吃饭，大家都说说笑笑的。”

“那个要债的人来了没有？”

“没有，我没看见他来。”

“等下，他……他……来了，开始骂人了，好凶……”晓阳开始出汗，身体不由自主地颤抖着。

看到这一幕，我马上伸出自己的双手，紧紧地握住她的手，给予她力量。

“他做了什么？”

“什么也没做，就是很凶，在骂人，他的眼神好凶……”

我握着他的手，“请你上前，去看看这个人。”

“不，不，我不去……”晓阳的阻抗很强。

我让她安静了一会儿，继续鼓励她，“你慢慢地向前走一点儿，你会发现其实他并不会伤害你，你再上前一点儿试试。”

“啊……不……我怕……”

“你上前了吗？”

“一点点。”

我还是紧紧握着她的手，帮助她，安慰她。

“你再上前一点点，看看他，其实他也只是要钱，不会伤害你的，你再试试看看他。”

晓阳的身体一直在哆嗦，可见她在潜意识状态下的恐惧程度。

音乐放松室出奇地安静，除了音乐的声音，只有晓阳起伏不定的呼吸声。

“你现在尝试一下，再走近他一些，让他能听见你说的话，好吗？”

“嗯，嗯……”看得出晓阳很焦虑，声音也有些微颤。

“你和这个人说话，你告诉他，叔叔，你别这么凶，好吗，我们会还你钱的。”

“叔叔……你……你别那么凶，我害怕，我们……我们……会把钱还……还给你的。”

“听听叔叔怎么说？”

一段喃喃自语后，晓阳没有声音了，只是低声抽泣着。这些对话对于晓阳来说，会消耗很多的能量，但这是必经的过程。

“你听得清叔叔的话吗？”

“他说我只要钱，跟你没关系。”

“如果现在让你和他说话，你会说什么呢？”

“叔叔，你说话慢一点儿，我们会还钱的。”

“叔叔说了什么？”

“他说知道了。”

“其实，叔叔并没有你想象中的那么可怕，他只是想要钱，并没有想要真正伤害你们，叔叔并不是个大坏蛋，对吗？”晓阳点点头。

“你现在再看看叔叔，他有什么变化吗？”

“他……他没有之前那么高大了，眼神也不那么凶了。是的，没以前那么可怕了。”

我一边调整音乐的音量，一边观察晓阳的表情。我透过表情猜想她心中的变化。她逐渐平静下来，面部的肌肉也缓慢地放松下来。

“现在请你和叔叔说再见。”她低低说了声“再见”。

“其实，你生活得很幸福，虽然父母常常不在你身边，但你也有亲人的呵护，特别是你外婆很爱你。你有很多快乐的回忆：在池塘边和小伙伴玩耍，在院子里和小朋友嬉戏。只不过这个要债的叔叔出现了，他使你很害怕，他的样子在你的心中埋下了恐惧的种子。”我用轻柔的语言让她接受那段现实，在情绪上做出恰当的处理。

晓阳的呼吸均匀了许多，脸上开始有了微笑，我知道她已经开始有轻松的感觉了。

由于她在这次催眠过程中消耗了很多精力，所以我在催眠结束前利用水晶球帮她补充了一点儿能量。

唤醒她之后，我又给她布置了两项家庭作业：首先，要求她单独睡觉，不要爸爸妈妈陪同；其次，希望她在黑暗中看见叔叔的影子后，继续和他说话，随便说什么内容。

不久后的一天，有人在微博上私信我，上面写的是：

“杜医师，我现在晚上已经可以一个人睡觉了，但是枕头边没人的时候还是会感觉有些怕。这两天我又看见那个要债的男人了，虽然没有以前那么害怕了，但还是有点儿怕，您还有什么办法能让我快点儿摆脱他吗？”

恐惧心理的消除并不会一帆风顺，它会有反复，这其实也属于正常的范畴，彻底消除需要时间。问题的反复，是由于人们处在一个变化复杂的环境中，每一种事物的变化都会激发人们心中的恐惧和焦虑，这需要内心信念的支撑，需要足够的心灵能量。我也曾帮助过一些来访者，他们的问题的解决也需要一个过程，当中有喜有悲，会面对各种诱惑和矛盾，当然只要你有决心和毅力，就会扫除种种障碍，生活也将会变得美好。

对于晓阳的恐惧心理的反复，我认为和她所处的环境有关。晓阳得到的家庭关注不是很多，特别是亲情的缺失。这与她内心深处渴望的安全息息相关，而希望爸爸妈妈陪睡，是否是内心深处所渴望得到的东西？如果这点假设成立，那么她的恐惧心理则是有意义的。另外，自身压力的累积也导致了她的迷茫感升级。当然，一切只是我个人的猜想，如果猜想正确，我想我能做的就是再次帮助她摆脱那个“讨债鬼”的纠缠，就我个人的身份和能力，我只能做到这么多。

人会将许多让自己不安的东西存放在大脑内存中，成为一种痛苦。人需要不断遗忘，才能活下去，至少活得有质量。一个总陷入不安的人是走不远的。

我让晓阳再次来到我的工作室。这一次，我准备了白纸，让她凭借记忆画出那个男人。她一开始还有点儿抗拒，但后来还是照做了。我把她所画的那个人，拍下照片通过幻灯片来放映。她一开始仍旧显得很不自在，双手握拳，目光还是想回避。

“那么你先闭上眼睛，想象一下他的模样。”

“他有点儿高，有点儿胖，脸有点儿肿。”

“请你放松，深呼吸，如果你不再害怕想象中的画面了，请睁开眼睛，我们继续。”

几分钟后，晓阳睁开了眼睛，有些疲累。

“现在站在工作室的门口，看这张照片，请放松，他已经说过了，不会伤害你了。”

晓阳想再离得远些，被我制止了。

几分钟后，晓阳看着这张照片，脸色不是很好，但能直视他了。

“现在请走近一步，再看看这个人的面部表情。”

“他有点儿胡子，好像在生气。”

“请放松，他生气是不是因为你惹到他了呢？”

“不是的，不是的！”

“请你看着他，身体尽量放松。请保持你内心的平和。”

就这样，我一步步地让她靠近照片，让她用放松对抗紧张和恐惧，虽然过程很缓慢，但毕竟她开始接受这个可怕的男人了。

当距离还剩一米的时候，我再次让她观察这个男人，晓阳很平静地说：“我现在倒是不怎么害怕了，毕竟不是我的错，我没必要害怕。”

“是的，你没必要怕他，生活中其实没有多少事情值得我们如此害怕，它们只是一些小事情。”

“杜医师，您说得对，您说我是不是很胆小啊？”她吐了吐舌头。

我一边鼓励她，一边把照片用U盘拷给她：“这照片给你，你以后再害怕的时候，就看看这张照片，如果一切没问题，以后即使你在黑暗中再看见他，也不会感到恐惧了。”她欣然接受了我的提议。

有一次，我在商场里偶遇她，她没跟我打招呼，与我擦肩而过。

我觉得有些懊恼，我用自己最善良最温情的一面，面对他们冷酷的一面，我还要时时刻刻精力旺盛，表现出爱心和慈悲，把自己塑造成博学有耐心的圣人形象。不经意间，我也讨厌自己了。可这就是人性！不要太在乎自己的委屈，这只能放大你的脆弱。智者必须懂得隐忍和原谅。

我和多数的来访者每每都聊得很愉快。只不过，长期坐在沙发上，面对着他人的絮叨，我的激情不知不觉也会被消磨。因此，我会用另外的方式补充我的激情：万米马拉松、穷游和蹦极。

晓阳的故事结束了，但恐惧的影子仍未消退。我们在乎自己所在乎的，害怕失去自己已经拥有的，因此，我们每天过得战战兢兢。我们容易记住一些令人不快的事情，很难抹去心痛的回忆。当这些记忆偶然被我们拎出来以后，反而显得珍贵。它们虽然细小甚至平凡，却无比真切地见证了我们的成长。

回顾我们的青春期，我们或许会怕黑、怕考试、怕压力太大……但正因为怕，我们才会有那么多可爱的一面，因为这就是那时的自己。

夜深了，我站在阳台上，寻找着夜空中稀稀落落的那几颗星。

晚风吹来，不觉一丝凉意掠过。

风雨之后，会有彩虹。但我们更希望直接拥抱彩虹，而不必经历风雨。

可是，只有痛过，才会懂得爱。

Mr.杜de笔记

故事中的晓阳初看患的是一种恐惧症，但挖掘下去，她其实是潜意识的安全感缺失。杜仁使用催眠的手段，将她的潜意识通道打开，让她回到童年，重新认识了心中的那个“鬼”，让晓阳的内心不再惧怕。由于在具体的治疗中，治疗师需要和她建立强烈的信任感，所以治疗的过程并不是很顺畅。潜意识的阻抗，内在的负面情绪，随时会跑出来阻碍治疗的进行。

恐惧的情绪可说是青春期孩子常见的一种心理问题。有些恐惧有明确的方向，如对蛇的恐惧，面试恐惧，甚至是交往恐惧，对某种动物花纹的恐惧，但有些不是。那种没有指向的恐惧，更加令我们担忧，因为这种恐惧的种子一般是童年早期种下的，在清醒的状态下无法说清楚道明白。

如果遇到恐惧，我们可以采取以下的方法自我调节。首先是积极的自我暗示，逐步改变自己对恐惧事物的观念，培养信心。另外，可以找个能让自己彻底安静的地方，闭上眼睛，从头开始放松，想象恐惧的场景，然后用放松来对抗。如果恐惧的强度很大，则可以使用系统脱敏的方法，反复接受令人恐惧的刺激，直到自己完全适应为止。

故事二 黑匣与警笛

我在梦里看见一个小女孩儿，很娇小，像一个可爱的天使一样静静地站在窗前。她眼神非常忧伤，远远地望着窗外某个神秘的地方。我被她吸引了，像个傻子一样，呆呆地望着她。忽然，她纵身一跃，从窗户那里跳下去了……我看到她飘落在地上，静静地躺在那里，像在睡觉一样。

每个人都有自己讨厌的东西，如果你不喜欢，只能说明那不是你所能拥有的。

现在，我们无论在都市，还是乡村，都活得不够洒脱，为什么？因为我们想得太多了，想得都让自己麻木了。其实，把人生的现实撕碎后，剩下的是极其简单的东西。小时候，我们就那么无忧无虑，当我们长大了，幸福却不那么简单了，反而被复杂取代了。

入夏，陷入焦虑的人很多，前来寻求帮助的人也络绎不绝。对于很多人而言，他们都有自己的人生目标，但又找不到心灵的支点。残酷的现实与激烈的竞争，像吸血鬼一样吸干了他们的精气。

仔细端详着坐在对面的他，打从心里觉得眼前这个男孩儿很帅气。他看着阳光面善，又好像很眼熟。我开始在头脑中快速搜索，忽然想起前不久刚看的一部电影。

“你很像一个演员。”这是我的第一句话。本来应该程序化一些，类似“需要我帮助你什么”的开场白，可是一开口竟然蹦出这么一句。

“像谁？”他似乎也没料到我的第一句话。

我提起了那个男演员的名字。

“哦，你不是第一个这么说的，之前也有好多人说过我很像他。不过，我觉得还是他更帅一些，呵呵。”他看上去还是有点儿不好意思。

“是吗？这么谦虚！那么言归正传，你能告诉我一些你的基本信息吗？”我迅速转入了主题，把一张基本信息表交给他填写，“带星号的必须填写，其他的随意。”

他迅速填好了表格，抬手递给我。

姓名：王清；近期困扰：想多了。这是登记表上的所有内容。

“想多了？很有趣的一种说法。”我得从他嘴里了解更多的信息，“王清，你需要我提供哪方面的帮助呢？”

“我压力太大了。”一说起自己的问题，他开始面露难色，懊丧而又颓废。

“这方面的问题和其他人交流过吗？”

“以前和有些人说过一些，你知道他们说什么吗？”

“不知道，我不胡乱猜测。”

“他们说我脑子太复杂，想的事儿太多，只要放松一下就好了。他们不明白我为什么想那么多。但你说，事情哪有那么简单啊？”

“难道他们说得不对吗？”我故作试探。

“对啥啊，谁都知道要放松，不要太紧张，我已经对这种话免疫了。我听过一个教育学大师关于学习方面的讲座，别的印象不深，可有一句我记住了。”

“哪一句？”我也很好奇。

“学习要追求上进，但同时也要快乐。可是我……快乐不起来……”

“这句话的宗旨是好的，学生本来就是要快乐地学习，享受学习给你带来的乐趣嘛。”

“嗯，这话说得不错，但我觉得学习很累，很磨人。”

“不聊虚的了，谈谈你的问题吧。”

“我刚进这间房间时，忽然有个想法。”

“嗯？说说看。”

“我觉得它像个黑匣。”

“黑匣？”

“是的。我觉得它充满了让人窒息的感觉。”

“你看见了？”

“没有，纯粹凭感觉。”

“你学习很不错吧。”

“凑合吧，自我感觉还不错。但我考试的时候很容易紧张，说不出来的紧张。”

“还有呢？”

“考试的时候我常常想东想西，别人做题比我快我会想，别人翻试卷我也在意，监考老师走动我也会心烦。这几次更是变本加厉，出现了一个怪现象，我百思不得其解。考试时，我脑海中经常会响起那种警笛的声音，呜呜的，很响很真实。但其实并没有警车出现，我知道，是我自己乱想的。我也问过别人，别人都说没听见，说我又抽风了。”

“你最在意什么？”

“我会担心自己考差了，担心别人比我考得好，即使准备得很充分，也会担心自己临场发挥不好，类似这样的担忧。哦，对了，上次考数学，我感觉周围好像一直在放音乐，一直放，一直放，停不下来，结果数学考砸了！最烦的还是最近出现的那些警笛声，而且每到关键时刻就开始出现，影响我考试的发挥。”

“你脑子里想的内容、听到的声音，最近那些令人生厌的警笛声，你自己能控制吗？”

“不能，似乎它们随时随地会出现。”

“你会试图去控制这些声音吗？”

“会的，不控制的话，我在考试时会感觉周围一直有响声。否则，我根本就不用考了。”

“效果如何？”

“无法控制住，很难。有时，我多想想就会晕，多想了头就会痛。这几次考试，明明是很简单的题，可我在考试时却总是没把握，还要一再重新推算。警笛的呜呜声老控制不住地响，已经不止一次了。这样下去，我可能要完蛋了，甚至要被别人看不起了。如果我成绩退步厉害了，我爸就开始唠叨了，你说我每天这日子是不是就像在油锅里煎一样？”

“你目前对你的学习现状很不满？”

“是的，非常不满，我觉得自己快要撑不住了。”

“你想我怎么帮你呢？”

“帮我把这些烦人的声音去掉！”

“不可能！”

“不会吧，杜医师？”他用哀怨且半狐疑的眼神盯着我，更准确地说是斜眼看着我。

“人的任何想法或者某一现象都有存在的道理，凭我的能力不可能消灭它们。”

“那我找你干什么？”他嘟囔了一声，很轻很轻。

这明显是一种挑衅。如果遇到来访者的蓄意“挑衅”，我会迅速反应，将其压制在萌芽状态。这次不一样了，我没生气，我要忘掉自己的身份，和他对话。他现在的表情，更增加了我想帮他解决问题的动力。

“你对我很失望？”

“也没有，只是觉得这些该死的想法和声音，很影响我的……我的……”

“心情还是状态？”

“心情吧。你说如果是题目不会做就算了，我认栽，技不如人，是吧？可现在我是困在这些莫名其妙的怪声音里。”

“其实我很钦佩你。”

“什么？”

“不骗你。你身上有种执着的气息，很浓烈。只有有追求的人才会出现问题。”

“那您觉得还是好事了？您别幸灾乐祸，好吗？”

“越是优秀的人，越会对自己提出更高的要求。”

“我想想……似乎有点儿道理。”

“我欣赏你的个性，可我现在更想了解你以前的一些事情。”

“以前？我以前没什么特别的。我是独生子，爸妈都是公务员，爷爷奶奶健在，家里条件比上不足，比下有余。”

“你很坦白啊，小王。”

“还好吧，呵呵。”

“你爸妈对你的要求很高吧？”

“别提了，每次我只要考差了，他们就吼我，搞得我都不想回家了，每次都和他们吵。”

“那么你啥时候开始总听到这种警笛的呜呜声？”

“好像是上个月初的那次考试，有一道题我没做出来，那时我就听见很响一声警车的鸣叫声，后来就没有了，只是偶尔会有，但是我无法预测下次什么时候又出现。现在这个问题越来越严重了，但我没想到你也说没办法搞定。”

“那你有没有感到孤独无助，或者说沮丧的时候呢？”

“现在这个阶段，谁不是开足马力？你不进则退，别人就赶上来了。我感到自己有点儿阳春白雪，在班里曲高和寡，同学们背地里都说我很难亲近。”

“那是难受的感觉。你能说说你是为了什么而读书的吗？”

“反正不是为了自己，我也说不好，太复杂了这个。”

“那么，我们做个游戏咋样？”

“可以，好啊。”

“这里有一张纸，你在上面随意画出一幢房子、一棵树和一个人，不要多想，想怎样画就怎样画，但这个人不要画成漫画人物或者机器人，试试？”

“我的美术很差劲哦，画得不好你别笑话。”

五分钟过去了，小王的作品完成了。

其实，画画好坏一点儿都不重要。我是希望从他画画的过程和画面的特点中，进一步了解他的个性特征，这也是心理学上著名的投射测验。

“杜医师，你可不要分析出来我有精神病啊。”

“我看看。整个构图很精细，但线条过于局限，很用力，你的生活和学习存在很多限制的东西。”

“太对了，还有呢？”

“房子的门和窗紧闭，而且房前没有通道，说明你的内心有很多东西不愿意和人分享，或者说你其实拒绝别人进入你的内心世界。”

“这个嘛……算你又说准了。”

“再来看树，树冠很大，说明你有一个很远大的理想，这是好事。但是这个人显得很小，你不够自信啊，小王。总体看来，你很矛盾，你看不到自己真正需要的是什么。你很迷茫，你期望宣泄，但是内心又不想沟通。”

小王低下了头，沉默了。我知道此时他需要的是捋顺思路，正视自己的问题。

小王拢了拢自己乌黑的斜刘海，开口了：“你真厉害。

可是就算你说得对，有什么方法可以摆脱这些吗？”他双手抱拳，像是要拜师请教。

“这样吧，我告诉你一种STOP技术，你回去先尝试一下。”

“太好了，我终于得救了。”

“慢着慢着，我可没说这种技术一定对你管用，先别太乐观了。”

“我相信你。刚才你分析我的这幅画，说得这么好，你说的我一定会照做。”

“如果回去以后，那些黏人的想法或呜呜的警笛声再次侵入你的脑海里，你就在你的清醒意识层面大喊一声STOP，用这种意识流去抵御其他非理性的东西。记住，在脑袋里抵御这些干扰的声音的时候，一定要坚决，是下死命令的那种感觉。”

“STOP，STOP，STOP！记住了，如果有用的话，下次我请你吃饭。”

“别那么客气！不必太在意某些人、某些事，特别是某些即将发生的事情或者是以前已经发生的事情。”

“啊？我不太理解啊。”

“以后你就会慢慢懂的。”

“你又玩深沉。我先走了。”

送走小王后，我开始记录。记录什么呢？虽然搜集了一些基本资料，但是我感觉自己好像有点儿急躁了，仅仅是给出了一种解决方案，但这个方法对小王是否有用还是未知。我还是一个优秀的心理师吗？如果要说收获，“强迫意向”四个字已经写在了问题栏中。

神奇的造物主将万物两两相配，天和地，日和夜，正和负。一个再聪慧的人，也一定会有烦恼，这用在小王身上再合适不过了，我也一样。

人的压抑和不快，都只不过是岁月的一张便笺。

累了，我合上了窗帘。

一片古老的森林里，没有颜色，有一片谁也看不清的迷雾，支离破碎。森林里有一个清澈的温泉湖，湖面上冒着腾腾的热气，湖岸四周都是绵延的青山。有个人似乎在湖中跳舞，水雾把她包围起来，轻舟向前移动，她好像要去远方。她是谁？我看不到，我看不到。我的心开始跳动了，一种焦灼的心情牵扯着我的神经，我在心里呼唤着她。一阵狂风吹过，她消失了，湖泊也消失了，森林瞬间成了黄沙，围绕在我的周围，让我睁不开眼睛。

我做白日梦了。

不一样的服饰，不一样的发型，不一样的脚步。

“感觉你好像换了一个人啊，不认识你了。”第二次见到小王，我差点儿认不出他了。

“还好吧，杜医师，你能透视我吗？”

“这有点儿难为我了，这只是我的一种感觉。不扯远了，怎么样，按照我教你的方法练习了没有？”

“我练了好多遍，感觉效果一般啊。”

“怎么会？好多人都用过这个方法，效果都不错啊。哦，对了，你在心里喊的时候很坚决吗？自己很相信自己的那种？”

“那倒没有，我只是下意识地喊停。”

“这就是了，问题就在这里，你回去还得练。”

“哎，好的。杜医师，你第一次见我时，我告诉你我的问题，你是怎么想的？”

“哪个角度？”

“这还要角度啊？”

“从我的角度看，你很优秀、很上进、很有思想，但很敏感，虽然表面上大大咧咧的，内心其实很细腻，而且显得有点儿自卑，自我封闭，有一种常人难以觉察的东西。”

“这些可以改变吗？”

“改变什么？”

“当然是改变现状。”

“可以啊，但是需要一点儿耐心。”

“嗯，好吧。”

“你现在最痛苦的事情是什么？”

“考试的时候注意力无法集中，总会去看别人，总要回头检查，总担心会出错。”

他的行为属于强迫，这是很多人都存在的问题。强迫只是一种表象，但会折射出他们内心的纠结和无声的痛苦。

生活中，强迫的例子数不胜数，有怕被细菌感染一遍又一遍洗手的，有走路一直数阶梯的，更有因为内心纠结而把自己的双手咬得血肉模糊的……

人们并不理解“强迫”究竟是什么玩意儿，总是觉得可能是自己想多了，用自己的意念去对抗，结果却适得其反，人也被折腾得越来越烦躁，强迫的行为或者思想表现毫无减轻。想来真是悲哀，人们在追求越来越优越的物质生活的同时，也积攒了越来越多的心理垃圾。

“你有什么信仰吗？”

“我有点儿信佛吧，这点随我妈。”

“佛家主张：众生万物自有定数，凡事不可强求。”

“你的意思是说，让我不要太在意这些东西，可我做不到啊。”

“你说一个人上台演讲，为什么会紧张？”

“怕讲不好呗。”

“如果这个人一直劝自己别紧张，别紧张，结果会怎么样？”

“那他只会越来越紧张，我体会过。”

“本来你的很多想法都是有意义的，但你却一直排斥它们，不接受它们，结果只会越来越糟糕。”

“就算不在乎，可这些想法总干扰我学习啊！”

“当问题出现的时候，首先不是控制。”

“那是什么？”

“打个比方，当我们看日落时，不希望它落下去。我们不能命令太阳右侧的天空呈现橘黄色，也无法要求旁边云朵的粉色更加浓厚，我们只是怀着敬畏的心欣赏它而已。”

“哦。我们只能看着它落下去，欣赏它。是不是说我也要接受这些烦人的思想？”

“你认为呢？”

“估计现在有点儿难，它们太令人难以忍受了。”

“为什么说是忍受呢？”

“难道不是吗？一到考试时，这些想法就风起云涌，我还要忍受？够了！够了！”

“不要觉得这是忍受。”

“那是什么？接受？妥协？还是退让？我真要撞墙了！”

“不管什么人，都会有挥之不去的烦恼。难道这样就要去撞墙了？”

“我不知道。”

“换一种说法吧。我们的大脑有点儿像计算机。我们的信息都是由数以亿计的神经元来处理的，而大脑里的神经元分布在不同的区域。有时候这部分的神经元处于兴奋的状态，而同时那部分的神经元就处于抑制的状态了。这就好比是计算机的多任务操作系统，你明白吧，处于激活状态的任务只有一个。你那么聪明，应该能明白其中的含义。”

“有点儿意思，你是说如果我太在意那些不好的想法或声音，比如警笛声，就相当于自己给自己设了一个套，最终积极的消极的思想都混成一锅粥了。”

“有点儿接近了。”

“那就是说，我对这些无能为力了。既然这样，那就顺其自然吧。”

“顺其自然，这个词用得好。不过，你的态度稍微有点儿消极了。”

“对不起，可能是我不够自信吧。”

“没事的，态度消极、不自信其实是在提示你呀。”

“提示我？”

“对啊，它在提示你学习的方向、学习的效率、学习的状态等出现问题了。”

“是的。可能是我把自己逼得太紧了，没给自己足够的弹性。”

“两股思想就像在进行角力，一股代表向上的力量，一股代表向下的力量，两股力量执均力敌，只能力求保持平衡。”

“为所当为，我还是要做好自己的事情。”

“你能做得到吗？”

“应该可以吧。”

“那你说说该怎么做？”

“吃好睡好玩好，对吗？”

“这个想法好。你要做新时代的‘三好’学生啊，呵呵。”

“我这想法是不是太堕落了。”

“呵呵，该干什么就干什么，也是一种积极的人生态度。该学习时就学习，该睡觉时就睡觉。‘凡事太尽，缘分势必早尽’，我忘了是哪一部电影里的台词了，你可以好好想想这句话的意思。”

“那也只能先这样了。”他语气中透出些许的无奈。

“还有，我这段时间一直会反复做一个梦，老梦见一个女的跳楼，你帮我分析一下原因。”

“我又不是算命的。好吧，你还是说来听听！”

“我梦里看见一个小女孩儿，三四岁的样子，很娇小，像一个可爱的天使，静静地站在窗前。她的眼神非常忧伤，远远地望着窗外某个神秘的地方。我被她吸引了，像个傻子一样，呆呆地望着她。忽然，她纵身一跃，从窗户那里跳下去了，消失了。我很害怕，赶紧跑过去看。这是一座高楼，很高。我看到她飘落在地上，静静地躺在那里，像在睡觉一样。我长舒了一口气。”

“你没早恋吧？”

“开什么玩笑啊，没有！”

“最近你一直做这个梦，是吗？”

“嗯，每周都会有。”

“梦里每次都有小女孩儿吗？”

“不一定，有时也会是小男孩儿，有时候是男是女也看不清楚。”

“梦醒了以后，你的感受怎样？害怕还是担心？”

“担心多一点儿，为什么这个小孩儿要去跳楼呢？”

“你白天学习很紧张，忧心忡忡吧？”

“我在全年级最好的班里学习，当然紧张了。”

“在梦里，其实你担心的是对未知的失去，你害怕失去什么。”

“害怕失去生命？”

“也不完全是。梦里女孩的跳楼让你想到了什么？”

“释放吧，死了就一了百了了。”

“释放，说得对，在梦里你在释放，释放白天的情绪，白天压抑的情绪。”

“有时候，我其实是希望女孩儿跳下去，我是不是心理变态了啊？”

“跳下去的意思就是完全释放，你看到她安静地躺在那里，有什么感觉？”

“我觉得她很安详，不再忧伤。”

“这就是你潜意识里的焦虑得到了释放。”

“我是不是很敏感？”

“有点儿，男孩子还是大气一点儿好。”

小王慢慢地靠在工作室的沙发上。他是对自己人生未来不确定，还是对没法驱走那些思想或声音而苦恼，我不知道。但我敢肯定，他那么聪慧，一定会有所改变。

一个月了，小王再也没来我的工作室，或许是他觉得我传递的“无为”思想没用？

小王曾说他来找我之前，找过好多人，我不知道他们是如何处理的，效果至少不太好。如果“顺其自然，为所当为”的调整不管用，那该如何是好？挖掘潜意识？纠正想法？但直觉告诉我，若单纯采取一种措施，难有成效。

晚上，我看着电视里的魔术表演节目，只见魔术师把一个人放入大箱子内，一眨眼的工夫，箱子里就没人了，而那个人却出现在吊台上。在惊叹魔术师精妙手法的同时，我也在思索：魔术毕竟是假的，只不过这障眼法却滴水不漏，让观众找不到破绽。那我呢，是不是也能把一个人的意识分开，让不同意识之间发生联系？按理说可以，可是怎么实现呢？

盛夏的午后，人总是懒洋洋的，我也不例外，趴在桌子上睡午觉。有人拍了我一下，我睁开眼睛——一个短头发、格外洋气的男孩儿闯入我的视线。

"啊？是你啊。"

"这个月我感觉好点儿了。"小王微微一笑。

"是吗？那好啊，哪方面好点儿了？"

"烦人的想法还是有，会时不时蹦出来，特别是在考试的时候。但我不理会它们，也不去特别注意，好像这些思想一会儿也不见了，那些警笛声已经很少了。有时，我也会把它们想成是自己的朋友，老朋友经常会来看我，就不太在意了。"

"看来你已经汲取了无为思想的精髓了。"

"呵呵，不过上次考试时，我还是忍不住看别人做题，越看越心烦，其实我也知道别人不一定考得过我，但我就是忍不住去看他们，浪费了不少时间呢。还有我会老是想别人考好了我考差了咋办，别人进步了我退步了咋办。"

我耐心地听着他的话，脑海中不断浮现那个魔术表演的情景。

我把小王请到了放松室，让他坐在椅子上。我说接下来无论发生什么，你看到什么，都不要动，只要说话，告诉我你的感受就可以了。我在小王的旁边同样放了一把椅子。

“假如现在你就在考场中，请告诉我你的感受。”

“烦死了，想法很多。别人老是在看我，我也总想看别人。我做题很慢。”

“请你体会一下，你旁边的椅子上坐着另一个你，跟你现在的样子完全不一样，说说看，他会是什么样儿的？”

“很勇敢，不畏缩，完全不理会别人考试状态如何，拼命地做题，思路清晰，很开心。”

“看着他，继续丰富他的样子。”

小王眼睛忽闪忽闪，嘴唇紧闭。

“你看着他，他也正看着你。你想对他说什么？”

“我想成为你，你是我的榜样，可我……”

“那么你觉得他会对你说什么呢？”

“你太胆小了，太没用，别人的事情这么当真。看我多潇洒，多自在。”

“你接受他的批评吗？”

“部分接受。我要学习他的那种洒脱……”

“你又想对这个受伤的人说什么吗？”

“你也别太难过了，你很辛苦，很累，你有太多的包袱。每个人都会有软弱的时候。我帮你承担吧。”

“你会如何回应呢？”

“谢谢你，我要摆正自己的位置，不要那么好胜，这样才会过得开心点儿。”

“你还有什么要补充的吗？”

“你很棒，我也要为你加油。”小王的脸上泛出了红晕。

“如果我现在把你这个人分开，分成你和另一个椅子上的你，你会选择成为谁？”

“当然是选择那个椅子上的我，我目前这样的状态简直是负能量满满。”

“那么你是喜欢那个自己了，是吗？”

“是的，绝对喜欢。”

“好的，其实两个人都是你自己，只不过是你人格的两个侧面，那个是积极的自我，这个是消极的自我。你现在被消极的自我所困，无法自拔，消极的思想占领了高地。但是你积极的自我并没有消失，只是被你隐藏起来了，暂时看不到了。刚才你又重新让他站出来了，而且你在潜意识中也接受了消极的自我，希望自己能够成为积极的自我，很好。你要体会内心的感受，要接受消极的自我。”

这一连串的话像一枚枚钢针，深深扎进了小王的心头。他伏在椅子上，没有说话。我知道他在沉思，这段话已经触动了他。

十几分钟过去，小王慢慢起身。

我轻轻走到小王身边，宽慰他："放心，慢慢会好起来的，你的想法只是源于你自己不愿意接受那个差劲的、颓废的自我，但他就是存在的。我们下次再见，下周我要去上海。"我抚摸着他的头，轻轻拍打着他的肩膀。

我走出了房间。

这类有强迫思想的人很多，我这两次都并未针对他的复杂思想进行直接的处理，而是采用了迂回的方法，效果究竟如何我也不知道。

小王希望自己是完美无缺的，幼小的心中背负着很多成人的复杂和成熟，这对他来说是极其不公平的。但似乎我也是完美主义者，有时也会吹毛求疵，搞得自己不痛快，这点他和我是同一类人。我妈从小就给我灌输"要么不做，要做就做得最好"的思想。可这句话深深地影响了很多和我一样有点儿过于追求完美的人！

治疗的效果，很大程度上取决于来访者的心态。不过如果我自己心态不好，那我自己的坏情绪也会传递给他们。曾经多少人哭丧着脸走进我的工作室，而我总竭尽全力，让他们怀着丁点儿希望离开。

小小的工作室就像舞台一样，上演着一幕幕人生戏剧。

在去上海的列车上，我特意挑了个靠窗的位置。我喜欢在列车上思考人生，因为列车给我的感觉就像母亲的子宫一样原始和安全。我也喜欢在列车上看书。我们应该多看点儿书，因为生活的复杂和不确定性，让我们发现其实我们太高估自己了，否则遇到挫折了连个安慰自己的词儿都找不到。

随着列车的前进，我们会找到一些特殊的人，和我们一起不说话，享受片刻的沉默却不觉得尴尬。

距离下次预约还有两天，小王找到我，希望我和他去工作室旁边的公园走走，我答应了。有时候，来访者的心情不一样，选择的地点也会有所区别：僻静的公园、咖啡馆、茶室，甚至运动场都可以成为绝佳的谈话场所。

公园里到处都虫鸣鸟叫声。

“你现在觉得做回真实的自己了吗？”

“我能接受自己其实并不是最优秀的。可能我也有问题，但并不完全是自己的责任。”

“奇怪的想法最近还来拜访你吗？如果以前有类似的怪想法是8分，现在是几分？”

“有时也会，不过现在少多了，现在可以打3分。有时想想自己也挺奇怪，怎么会被这些东西牵着鼻子走呢？我挺可笑的吧？”

“很正常啊，到处都有这样的人。”

“是吗？”

“真的。”

“杜医师，这种问题能根治吗？”

“说不好，什么时候想法少了，也是很大的进步呢。以后再有这种想法，掐自己一下，要很狠的那种，痛得不得了的那种，这样慢慢想法就会少了。”

“掐自己？掐哪里？”

“哪里疼掐哪里。一定要下得了手。哦，对了，你父母平时管你的学习吗？”

“管啊，特别是我爸爸，上两次考试不好，他就说了我好多次，说得很凶的。”

“你觉得你爸爸给你压力了吗？”

“绝对有。哦，对了，昨晚我又做了一个奇怪的梦，居然梦见我爸死了，一家人都围着他哭，我很害怕。”

“你其实很在乎爸爸的爱，你希望自己是完美的，诚如你爸爸所希望的那样，但你做不到。你对自己读书的情况觉得不乐观，老是担心，宁愿他少爱你一点，这样你也可以少一点内疚。从你梦中的情境恰恰可以看出，你对失去父爱的恐惧心理和自责心理。你很爱你的爸爸，是吗？”

“是的，我爱他。他虽然严厉，但真的很关心我。”

“回去和父亲好好沟通一下，让他为你鼓鼓劲、加加油，相信你得到了他的鼓励，学习会更上一层楼。”

“嗯。他会听我的吗？”

“不试怎么会知道呢，傻瓜？”

“哦。”

“其实，我以前曾经找一些人聊过，我跟他们说过自己的情况，他们都劝我不要想，不要想，想多了不行，反复说，一点儿用也没有。那段时间我感到十分压抑，我都不愿意和别人说话了，直到遇见你。我上网看了一些你的微博，觉得你挺有想法的，我就想来试一试。”

“找我找对人了吧？”

“是的。”

“和我见面后，你有什么变化吗？”

“变得更积极了，看问题的角度不一样了。我本来以为治疗很费时、很枯燥，你会和我说一堆大道理，但第一次和你说话，就感觉完全不是那么回事儿。”

“你太抬举我了。”

“现在你说的话，我晚上睡觉的时候，会好好地想一下。比如说顺其自然那之类的话，真是很经典，如果我一直还纠结怎么去对抗这些想法，我估计现在我的心理问题就更严重了。”

“你现在感到安全吗，内心里？”

“我会体会内心的感受，不再执拗了。”

“学生学习最主要的是，他们要知道自己为谁而学，学习是为了什么。”

“学习苦不要紧，关键是要让自己安心。”

“有点儿意思，有点儿哲学味。”

“这都是跟杜医师你学的啊。”

“呵呵。我有个假设性的问题，以后万一你成绩又退步了，达不到自己和家长的预期了，怎么办？”

“以后的事谁也说不好。即使是这样，也不强求了，自己快乐才是最重要的。你看那枝花，总有凋零的那一天，但这并不妨碍它在绽放的时节努力展示自己的美。”

凉风袭过，周围寂静一片，只有蝉鸣。

他的强迫问题暂时得到了缓解。虽然我并没有针对他的想法进行技术处理，但我让他认识到自己的内心，这或许比解决他的强迫问题更为重要。

有“强迫”的人通常对自己要求很严格，不容许自己有半点差池。他们会对自身出现的违背已有观念或规则的行为感到羞愧，会刻意进行自我克制，总是觉得自己未能做得最好而反复尝试。

如果，我们对自己宽容一些，对自己身边的人多一点包容，世界不一定会变好，但绝不会更差。

某一天，我又想起了他，也忽然想起了那个曾经对自己严格甚至苛求的自己。我很庆幸，自己已然不是当初那个只知道疯狂学习的自己。

爱学习，更要爱自己。

记忆会像一本书，前一页的内容往往会被后一页的内容覆盖，如果不特意寻找，很容易会永远成为过去。

每每和青春期的孩子谈话，似乎就是跟自己生命里的几个“我”在谈话，不断地让自己更加平衡、更加自然。有了你们，我的生活才精彩。

当我们一起坐在列车上去旅行，我睡着了，请不要推醒我。

Mr.杜de笔记

强迫症在治疗中属于比较麻烦的问题。要想根治强迫症，来访者需要有强烈的求助信念和持久的行为改变。在社会压力如此大的今天，受强迫之苦的人也越来越多。他们共同的特点在于：内心的不安全感，他们总是怕这怕那，怕落在他人后面，总会有操不完的心，永不知足。

强迫症患者自己很痛苦，很多不必要的思想在脑海中挥之不去。这种现象旁人难以察觉，所以经常会被不理解，这是一个很大的问题。强迫症患者会在自己的脑海中，不断使用反强迫的手段，自以为能祛除强迫思想，结果往往是强迫的行为或想法更为剧烈，陷入恶性循环。

我们在对待强迫时，心态一定要放平和，不要期望强迫思想一夜之间完全消除。我们可以采用“无为而治”的做法，任凭强迫思想在脑袋中飘过而不去理会，这个过程很痛苦，但很有效。强迫的思想往往和人格有莫大的联系，所以修炼自身很要紧，让自己的“弹簧”松一点，让自己的生活学习更加愉快，知足常乐，顺其自然。只有秉承这一信念，你才能远离强迫，快乐生活。

故事三 捉妖

一位心理学专家曾经说过："如果家庭是冰冷的，那么孩子做出任何事父母都不要感到意外。"事情的发展总会超出我们的预期：丽的父亲居然一个人来到了我的工作室。我喜出望外，因为有太多的家长不愿意踏足这所谓的"脑子有问题的人来的地方"。

随着上午的访客离去，我像一个杂技演员，从舞台上走下来，晃晃悠悠，脱掉了“演出”的服装，露出了自傲的本性。

这个世界令人热血贲张，几近疯狂。我喜欢独处，这很奢侈。

多年前，我还是个黄毛小儿，不懂人情，不理世故，任凭自己对人性奥秘的探索热情，毅然选择了与人性沟通的行业——心理咨询师。

然而，当我觉得自己已经在这一行成长了，其实挑战——才刚刚开始。

四个女孩儿，一个个汗涔涔的。

众人坐定，一位身着格子衬衣的女生抢先发言：“我们实在没辙，只好来找你了，杜医师。帮我们看看丽——”她顺手指了指身边一位眉清目秀的女生，“我们这个朋友吧，好像她有点儿那方面的问题。”

“哪方面？”

“我不知道该怎么讲。以前她跟我们还会有说有笑的，可现在话也不怎么和我们说话了，都是一个人出入。上周我们还看见她一个人躲在体育馆后面哭，问她怎么了，她也不吱声。周末放学，我们总以为她回家去了，可后来听说她根本没回去，即使回去了还总和家里人吵架，出什么事也不跟我们这些姐妹说。”她转身面对她们此刻最关心的人，“我们第一天认识时说过要‘有福共享，有难同当’的啊，你忘了吗，丽？”

我往前挪了挪。

“她以前成绩虽说一般吧，但话还不少，我们都喜欢和她聊天。可是现在，我不知道该怎么形容她？不知道是不是她家出了什么事，好像总不太平，你看她的手掌！”她的语气越来越急，“你怎么可以这么做？究竟发生了什么？你……你倒是快说啊！”

“你们别这样盯着她，别像审囚犯似的逼问她，她会很不自在的。”我把一杯水递给丽，“介意我看一下你的手掌吗？”

丽慢慢地摊开了右手的手掌。手掌上明显有一些咬痕，指甲盖的尖头部分都没了，有些指腹上的肉也被咬掉了，中指和无名指之间粘连部分的肉也已经被咬下了一块，有些让人不忍直视。

其他三位女孩儿都责怪丽不把自己的心事和她们分享。

“这样吧，你们先回避一下，我和她单独聊聊。”我请她的闺密们先出去。

丽的目光忽然显得有点儿愤怒。

“丽，你的眼睛充满了敌对的情绪，你遇到麻烦了？”

“嗯？”

“我说得没错吧，这个麻烦肯定很大，对你的影响也很大，是吗？”

“谁也帮不了我！”

“为什么？”

“没什么为什么，谁都不行！”她闭上双眼，喝了口水，把水杯狠狠地摔碎了，显得凶狠。

“那这些伤口是？”

“没什么，其实也没你们想象的疼。”

“真的不疼？”

“适应了。咬过之后，就没事了。”

“没事？”

“咬完就释放了，每次都这样。”

我望着她，没说任何话。

“人要是没有烦恼就好了，你说对吗？”

“呵呵，我们心中都有这个愿望。”

“那你试图逃避什么？”

“不知道。”

“你打算逃避到什么时候？”

“不知道。”

“你痛苦吗？”

“有点儿。”

“你在想什么呢？”

“我有时会因为电视剧里的某个人物说了一句话就觉得有点儿心情不好，因为我会觉得他是在说我。我的睡眠也不是很好，总是做梦，很容易醒，记忆力越来越差了。我很容易心情不好，有时候明明不是这样想的，却总是伤害自己。在家我也是这样，如今黑夜却给了我安全感。”

我们往往主动制造痛苦，比如咬自己，这比突然袭来的痛苦，疼的程度更低一些，更容易承受，因为肉体上的疼痛，仿佛可以刺激自己，感觉到自己还活着。

丽在咬自己的刹那，是她的内心在呐喊，尖叫的不是她的手掌，而是她那颗脆弱的心。

丽静静地坐着，紧闭着嘴唇。

“丽，我明白你现在肯定很难受。你这样不断地折磨自己，无疑是把自己推向了另一个深渊。你觉得没人懂你，你就像一粒种子，被播撒在茫茫人海中，没人告诉你该怎样成长，没人和你说为什么会不快乐。如果你信得过我，请把你想说的话告诉我，可以吗？”

丽把头深深地埋了下去。

我关上窗户，安静地坐到了她的对面。

“我不知道从哪里说起。在我的记忆里，没有安定，没有欢乐。”

“还记得第一次咬自己的情形吗？”我帮她起了个头。

丽仿佛木乃伊一般，呆呆的，空洞无神的目光凝视着墙上的某一个墨点，眉头紧锁，欲言又止。

“是不是有什么难言之隐？”我想还是先缓缓吧。

“你以为我不想说吗？你以为我好过吗？你觉得我很另类吗？我一定要告诉你吗？”她忽然咆哮起来，用拳头击打着墙壁，手指不一会儿就充血了。

这是“女汉子”附体吗？

我平静地看着她，并不阻拦。她需要发泄。燃烧她心中的怒火比压抑她心头的阴霾，要好过百倍千倍。

一番歇斯底里之后，她稍微安静了些。

“当我第一次看到那幕令人作呕的龌龊场景，那天晚上我就咬了自己。”

“方便具体说一下吗？”我再次试探她。

“一定要说吗？”她不悦地扫了我一眼。

“我希望你能说出来。”我显得非常诚恳。

“有一天我肠胃不舒服，提早请假回家了。可你猜我看见了什么？我爸居然和一个我不认识的女人，赤身裸体地躺在床上。做这种见不得人的勾当也不找其他地方！我就随手抄起桌上的一本书，砸向那个女人，那女的尖叫了一声。我爸冲过来，踢了我一脚，当时我的脚就麻了，这感觉我现在都记得。我爸狠狠地威胁我，不许我跟我妈说，否则让我没好日子过。我夺门而去，头也不回，一点儿也不留恋，这个家带给我太多的痛苦。”她终于一吐为快，“记得那天晚上，我很晚都没回家，一个人在马路上游荡，像个游魂一样，没有理会任何人。闪烁不定的霓虹灯像一串串音符，演奏出一曲曲勾魂的音乐，我满脑子都是进门时看到的那龌龊一幕。那几年，爸妈生活不和谐的记忆碎片不断闪过又快速消失。我并不纠结是否该告诉我妈，因为这不重要，他们本来就没有多少感情，我妈迟早会知道的。我也记不清究竟在大街上想了些什么，街上的行人似乎都虚幻了，只剩一个个模糊的轮廓。再后来，我蹲在一个百货商场的厕所里哭，当时我就开始咬自己中指上的肉，咬的时候我很舒服。我一边咬，一边哭。”

“自从那件事以后，还有其他什么事情让你这样伤害过自己呢？”我又指了指她的手。

“还有很多……那一年，表哥住进我家，他大我三岁，舅舅和舅妈常年在外打工。那时我就觉得很不舒服，他为什么要住我家？之后我经常和表哥吵，但爸妈也不知怎的，总是偏向他。我表哥说话声音很轻，而我的嗓门大，别人总以为是我在欺负他。他的声音简直像蛇叫，你懂吗？很低频的嘶嘶声，别人好像都听不见。那一次，我又和表哥争吵，他甚至还对我动手，我一个女孩子又打不过他。他力气很大，用手掐住我的脖子，还威胁说，没人会相信我。”她的话匣子彻底打开了，“我爸是在县城加工厂里打零工的，早出晚归，那时我们家还算相安无事，虽然我们偶尔也会因为琐事吵闹。但后来我爸脾气越来越不好，又爱赌博，可能我妈受不了这一点，也可能因为出轨的事情，他们俩就离婚了。法院把我判给了我爸，我也没意见，跟他就跟他吧。离婚后，我爸马上给我找了一个后妈，后妈比我爸小三岁，也不知道她看上我爸什么了，我爸又没钱。后妈打扮挺时髦，对我却很冷漠，我也从不把她放眼里。虽然我爸以前脾气很差，对我妈也不好，但是他对我还是很在意的。记得小时候有一次我摔伤了，我爸连夜把我送到了医院。由于县城的医院条件不好，我爸又把我转到了市里的大医院。现在我都还记得当时被他抱在怀里的感觉。可是他再婚后就不怎么在乎我了。我对妈妈的印象其实并不是很深。我小时候她也不怎么关心我，人家都说母女连心，可是离婚的时候，我妈都不要我，把我踢给了我爸。现在她也只是偶尔来看看我，带一些哄小孩的零食，也不问我喜不喜欢吃。”

“也就是说，在那段不开心的日子里，你经常咬自己，好让心里舒服点儿，是吗？”

“可以这么说吧。反正我每次把自己弄伤，心里都会很舒服。”丽的眼神变得很冷淡，没有光。

丽的童年是不幸的。她的经历让她受挫，让她伤心，让她绝望。她无人诉说。换句话说，无法平静地面对外界的压力以及令人羞耻的感觉，这一切促使幼小的她用伤害自己的行为来得到暂时的心理平衡。

丽为什么对这些事记得如此清晰？很多事情对她来说就像发生在昨天一样。我只能说，她的情绪被封存在内心一个密闭的空间里，里面塞的全是些让她不快的负面事件。

我停顿了一会儿，问道：“你最近一次咬伤自己是什么时候呢？”

“一周前。”

“在开始咬的时候，你想了些什么？”

“什么都没想。”

“人的脑子是很活跃的，只要我们没有处在睡眠状态，我们就会产生很多想法。你说你咬伤自己的时候什么都没想，这很可能是最近有事让你感到很委屈或者很难受。”

丽直了直身子，说道：“你有点儿厉害啊，比医院的CT透视能力还要强。那些庸医根本不知道我心里在想什么，你却猜到了。最近是有事，让我很难受。我都不愿意再想它，但我却做不到，我想逃走，可我的大脑不听我的指挥。而我似乎只有一种笨办法——用其他的事情来分散注意力，从一件事逃到另一件事，但是我失败了。我的脑子无法停止胡思乱想，没有片刻的安宁，于是我又开始咬自己……”

“你非要把这个‘妖精’给捉出来不可，不能轻易放过它。我理解你现在的感觉。最初的阶段，你可以试图用疼来忘却痛苦。可是随着次数的累积和时间的延续，这种原本可以帮助你的方法却渐渐失灵了，你只会更加无助。就好像你现在这样，陷入了混乱和崩溃，这种方法最终还是对你产生了无法预料的影响。依我看，你是在饮鸩止渴。”

“我不明白。饮什么鸩？止什么渴？”丽瞪大了双目。

我猫了下腰，解释道：“这‘渴’就是身边无数令你讨厌的东西，你不希望看到的、听到的，而‘鸩’就是指你的这种自我伤害的应对方法。如今看来，鸩酒的毒开始让你感到疲乏了。‘渴’是要止的，但是不能靠饮‘鸩’。这‘鸩’无法真正让你解脱，而‘渴’也没有远离你。如果把困扰你的这个事件比作一只可怕的野兽的话，它正潜伏在草丛后，并准备随时伺机而动，吃掉你。”

丽的身体一直往后缩，似乎想逃避。我继续用正面的鼓励给予她力量。

她渐渐挺直了腰杆，开始求助：“是不是只有把这只野兽杀死，才能真正脱离苦海？”

“你很聪慧，丽，那么能说说那只让你恐惧的野兽是什么吗？”我想趁热打铁。

她开始迟疑，沉默了好久。我知道这种表面上看似波澜不惊的深潭，底下正经历着风谲云诡的变幻……

丽张开了嘴巴，舔着干燥的嘴唇：“他们……想再生一个……弟弟。”

“你后妈没有小孩？她不是结过婚吗？”

“是的，她结过婚，但没有孩子。”

“哦。”

“他们也没问过我的感受，我是无意中听见的。我爸也没反对，我后妈很着急。我知道她总想有个自己的小孩，因为我又不是她亲生的，她对我当然不会很好，也没多少感情。可是万一他们生了弟弟，或者妹妹也罢，我就不会有好日子过了。我后妈自然不用说，她肯定不会真心待我。到时候我爸也会把大部分的爱给他们，因为毕竟他现在和那个女人生活在一起。我在家里完全感受不到任何温暖，以后他们生了自己的孩子，我就更悲催了！”

“所以你再一次开始咬自己。”

“对。”她把脸侧了过去，眼睛红了许多。

“谢谢你今天跟我聊这么多。回去以后，和室友们多聊点儿开心的事儿。”

丽无力地、礼节性地点点头，迈着沉重的步伐走出了工作室。

随后，我来到了一个酒吧，阵阵焦虑开始袭击我。

随着聒噪的DJ声，我开始舞动我不甚协调的身姿。我累了，独自待在卫生间。我从镜子里注视自己，想到了丽，一个孤独的女孩儿。在丽的身边，谁能化作一只萤火虫，聆听她的声音，欣赏她的个性，点燃她内心的一丝灯火？她的遭遇唤起了我对弱者极大的同情和怜悯。

听着外面稀稀拉拉的鞭炮声，我的记忆也回到了从前……老爸老妈在房间对骂，整幢小楼都能清晰地听见他们吵架的声音。我想报警，但是我不敢，一个人蜷缩在被窝里，蒙着头，还不能哭出声来。小房间的门虚掩着，我时不时从被窝里伸出脑袋，听听爸妈房间里的声音是不是小了点儿……我不知道那天是怎么睡着的……

人人都需要治疗。

当丽再次走进我的工作室时，我感觉事情不太妙。

“我又和我爸爸吵架了，这次吵得很凶。”

“为了什么事情？”

“还不是上次说的那件事。他不听我说，说这不是我该管的事。反正我们吵得很厉害。我该怎么办？”

“这样吧。我们先放松一下。”

我把丽带到了放松室，让她平躺在椅子上。

我想用音乐让她的脑子彻底放松下来……

“现在你的面前有一口井，你好好看看它，觉得这口井怎样？”

“井水很脏，有好多脏东西在里面。”

“它深吗？”

“不，很浅，我看见了，很浅。”

“现在请你鼓起勇气，跳进这口井里，这对你不会有任何的伤害和威胁。”我轻轻地说道。

丽皱了一下眉。

“你跳下去了吗？我保证这对你不会有任何的伤害和威胁。这对你不会有任何的伤害和威胁。”

“嗯。我跳下去了。”

“井下面有什么？”

“泥。只有泥巴，黄黄的，不，还有点儿绿。”

“什么感觉？”

“很软，踩上去很软，不过好像有点儿透不过气来。”

“井里还有其他东西吗？你再看清楚一些，不要急。”

丽摇了摇头。

“井水有气味吗？”

“有一股……霉味，很臭的味道。”

“现在你凭借自己的能力走出这口井。”

“一定要出来吗？可不可以不出来，我不想，恶心，太恶心了。”

“是的，你必须走出来。”

丽的面色很凝重，看来爬出这口并不深的井对她来说也绝非易事。

“你爬出来了吗？”

“我尽力，尽力。嗯……”

丽已经开始出汗了。

“井边有一个很大的吊桶，你看到了吗？你用这个吊桶，把井里的水打上来。”

“哦。”

“吊了几次了？”

“五次。”

“井里还有水吗？”

“还有一些，不过不多了。”

“继续吊。加油，你行的。”

“井里水还有吗？你仔细看一下，还有没有？”

“还有点儿。最下面还有点儿，水还是很黄，很脏。”

“继续。你继续吊，不要停，加油！”

丽一直在努力，但似乎井水始终未打完，这和我想的是一样的。

她显得很吃力，汗水也开始往下滴，看得出来她很难受。

“你看清楚了，井底还有水吗？”

“怎么回事？井水怎么一直打不完啊？”

“继续加油。你一定可以的，加油！”

“好像没水了。井水已经没了。”

“你好好看看，是否还有残余的水在里面？”

“没有了！真的没有了！”

丽很难受，似乎用尽了力气，她的脸色是苍白的。

“你看看打出来的水是什么颜色，告诉我。”

“黄色的。”

“是很黄的那种，还是有一点点黄？”

“很黄的那种。我都感到恶心。”

“你看看现在的天气。”

“阴沉沉的，快下雨了。我感觉马上要下暴雨了。”

“雨下下来了，你站在雨中，雨点就落在你的身上，有什么感觉？”

“凉飕飕的，透心凉。”

“舒服吗？”

“很舒服。一滴一滴，滴到我的心里了。”

“继续保持这种状态……现在太阳出来了——雨过天晴了。你有什么感觉？”

“很暖和。阳光很温暖。”

“还有呢？”

“有点儿轻松了。”

“温暖的阳光照着你，你感到十分惬意，保持这种感觉。体会一下，阳光进入了你的内心，你的内心也开始火热起来，好好体会一下这种感觉。”

“嗯。”

“现在你又有什么感觉？阳光完全进入了你的内心，再想象一下这个场景。”

“还是暖暖的。”

“保持当下这种感觉……”

丽清醒后，我们回到了工作室。

“我感觉好多了。”她第一句话就蹦了出来。

“是吗？什么样的感觉？能说说吗？”

“从未有过的轻松。好久了，这一年我都没有像现在这么放松过。每天都好像喘不过气来，胸口似乎被什么堵住了一样。”

“以后每隔两天，你想象自己站在一个非常美好的心驰神往的地方，让雨水冲刷自己，洗去你身上的尘垢，让阳光直射你的身体，照耀你的心灵，让你变得更加澄澈和温暖，能做到吗？”

“我会努力做的。”

“Fighting！”我做了个“加油”的手势。

丽的脸上露出了笑容。我知道，她这一次绝非勉强而为。

丽是一个压抑的人。当她一次又一次费劲地抽吊井水时，她也将那些潜意识中的羞耻感和自卑感一一消除。井水表面很脏，预示着她内心的尘霾。松软的泥巴象征着一种无力的控制感。走出这口并不深的井对丽来说似乎很难，因为她潜在的向上的积极动力已近乎枯竭，我需要用其他方式加以激发。抽出的井水颜色发黄、天气的阴沉，无不印证她身上无处不在的消极。但是雨水的冲刷和阳光的照射，正能量不断射入她的心灵深处，疗愈着她的伤口。

一小时的时间转眼就过去了，丽仍然不肯离开工作室，但我提醒她时间已经到了。

“回去以后，按照我的要求隔两天做一些想象练习。还有，再和你的父亲好好交流一下，父女之间互相沟通、互相了解很重要。你是个聪明的孩子，你知道该怎么做的。如果可以的话，请你爸爸也来我这里聊聊。”

“我不确定他是否会来。”

“能来就最好。”

“你经常上网吗？”

“我不经常上网，怎么了？”

“有空可以和你网上聊天吗？”

“当然，你可以和我在网上交流，如果你不嫌弃我打字慢。”

丽是这段时间里让我比较头疼的一个来访者，但她今天说的话比初次见面时轻柔了许多，让我也松了口气。

一位心理学专家曾经说过：“如果家庭是冰冷的，那么孩子做出任何事父母都不要感到意外。”这句话乍听有些偏激，但用在丽的身上是再合适不过了。于是，我又将问题的中心转移到了她的父亲身上。丽的父亲究竟是怎样的一种心态？他究竟会对丽的问题持什么态度？我不确定。

事情的发展总会超出我们的预期：丽的父亲居然一个人来到了我的工作室。我喜出望外，因为有太多的家长不愿意踏足这个所谓的“脑子有问题的人来的地方”。

丽的父亲个头不高，衣着有点儿过时，有点儿土土的，额头的皱纹显得十分“深刻”。

“听孩子说，她到你这里来过几次，她给我带话说你要找我聊聊？”

“哦，是的，这孩子很聪明，很乖的，现在这样的女孩子不多见了。”

他点点头。

“你发现她受伤的右手了吗？”

“最近才发现的。到底咋了？这孩子以前有什么还跟我说，可自从和她妈离婚以后，她就很少跟我交流了。我平时看这孩子在家也不太吭声，也不知道她心里想些什么。我也不明白这孩子为啥魔怔了？家里不少她吃，也不少她穿的。”他点起了一支香烟。

“她在家里不快乐，你能感受得到吗？”

“可能是因为前段时间老跟我吵架，也不知怎的，她那暴脾气一点就着。”

“能说说你们是为了什么吵架的吗？”

“那我就和你说说吧，就是生娃的事。自从和她妈离了婚，我就给她找了个后妈。她后妈想再生一个，她第一次结婚没要孩子，就想再要一个，这也合情合理，毕竟这娃儿不是她亲生的，是吧。前些时候，丽一直和我闹，甩脸子给我们看，时间长了，谁都不痛快。闹别扭，说浑话，那更是家常便饭了。有时，我也压不住火，训她几句。可想想终究我们还是一家人，也就没计较太多，可她咋就偏偏弄伤自己了呢？”他把烟头丢在地上，狠狠地踩了个来回。

“能说说你和丽平时的关系吗？就是说你们以前相处得怎么样？”

“跟孩子她妈没离婚之前，我和孩子的关系还可以，她有时候还会跟我撒娇，感觉那时候我跟她很亲，所以即便离婚了，我也要这孩子跟我。可自从我再婚了以后，父女感情似乎就变了，没以前那么深了，一天到晚好像我欠了她似的。”

“对于她现在的状况，你觉得自己一点儿责任也没有吗？”

“唉，我的脾气也不好，娃儿找我吵，我火气上来的时候根本压不住，我也受不了，但就是控制不了。再说，生娃的事也不是我一个人能说了算的。”

“在你心中，丽是个什么样的孩子？”

“文静，不太说话。女孩子嘛，总不会像男孩子一样疯闹。”

“有一个问题，我不知道你是不是方便回答，不过还是希望你能告诉我真实的想法，行吗？”

“咋不行，你说吧，我现在都快愁死了，一个大姑娘，这么折磨自己，你说咋办？只要是为了孩子好，我做什么都可以。”

“有这个态度就好办。那么在你的心中，她和你现在的老婆谁更重要？”

“嗯？这个……”他没想到我会问这个问题，一时间不知道如何应答。

“这问题很难回答吗？”

“我没考虑过这个问题，你一问，我也有点儿糊涂了。”他涨红了脸，直直地看着我。

“我替你回答可以吗？”

“你说，你说。”他很认真地听我说。

“你们夫妻的感情很重要，但孩子也重要。怎么说呢，有时你在乎现在这位妻子的感受，难免就会忽略孩子的感受。你觉得孩子有吃有住，好好上学就可以了，这话是没错，不过孩子也是有感觉的。她虽然快成人了，但是心理其实还很幼稚。她很需要你，你想过没有，一个近乎已经失去母亲的孩子，一个人独处的时候，会有什么感觉？当她压力大、情绪不好的时候，谁又在她身边？她又在想些什么？她是多么盼望有个亲人在身边，安慰她，陪伴她。她可能会想起妈妈，可能会想起室友，但更有可能想到的是你。不管她的伤口有多痛，她都能忍，但她的心受伤了，她忍不住，也不知道如何去忍。当她落寞的时候，你在哪儿？在那个家里，跟你现在的妻子讨论怎么给他生个弟弟？你心中，孩子的分量到底占多少呢？”

他不住地摇着头，不知道是在自责还是在后悔。他双手捂脸……

“你的生活处境我能理解，其实你也有很多委屈和无奈。可是你不能忽略孩子内心的感受，她是你的骨肉、心中的宝，对吗？即使你有了另一个孩子，还是会照样疼她的，对吗？不管如何，离婚已经对孩子造成了伤害，还是多多关注孩子的需求吧。”

我留他在工作室坐了一会儿，自己走到窗前，窗外已是重阳景色。

没过几天，丽跑到我这里，又不断诉说着自己的烦恼。

不过她还是告诉我，父亲回去后和自己恳谈了一番，也表达了他真实的情感，父女间的误会倒是消除了不少。可丽的精神状态还是不太稳定，似乎还有心结，总觉得自己不完美，不自信。她的自卑感很强，总是内心不安。

我再一次将她带到了放松室……

“你面前有一面很大的镜子。在镜子里，你见到了什么？”

“一个精灵，好像是一个精灵。”

“是谁？你好好看看，你认识它吗？”

“呃，我不知道。我没见过它。”

“仔细看着这个精灵，描述一下它的样子。”

“有点儿丑，看不太清楚。”

“看看它的脸，什么样子的？”

“好像长满了刺。”

“可以用手去摸一下精灵的身体，看看会有什么样的变化。”

“我不想摸它。”

“放松，丽……你再看看这个精灵，不要抗拒它，它不会伤害到你的。”

“我不想看了！我想走！”丽试图睁开眼睛。

“不要回避，孩子……看看真实的精灵是什么样子的，记住用你的心去看、去感受。”

“很可怜、很孤单，它受伤了……”

“再看看精灵的手。”

“它的手有伤。”

“你喜欢它吗？”

“不，一点儿也不喜欢。”

“不喜欢没关系，你走近它，拉拉它的手，给它上点儿药好吗？”

丽半天没有吱声……

“你做了吗？”

“嗯。”

“你看清它的伤口了吗？”

“没有，只是感觉它很痛。”

“你能给它一个拥抱吗？它这么孤单！”

她摇摇头。

……

丽又重新表现出焦虑。我知道，通常，来访者的问题会反复。不幸的是，这一次也如此。可以预见，这将在很长的一段时间内伴随着她的生活。

丽再也没有来。

我也渐渐淡忘了此事。

推开窗户，一个外卖小哥大声哼着小曲儿，骑着自行车去送货，满脸笑容。

这才是最真实而且平凡的幸福。

当我们心累的时候，不一定非逼着自己找到归宿。没有目的的流浪也很快乐，至少可以看尽沿途的风景，唱着自由的歌曲。

Mr.杜de笔记

丽是个可怜人，她企图通过咬手指的行为，寻求情绪的发泄，令人扼腕。这种行动的根源就在于她内心的纠结和无助。故事本身反映的是情绪控制的问题。她的原生家庭没有温暖，她没有亲人可以依靠。换句话说，她太自卑，太自我否定。她由此而陷入了孤独，以此来寻求关注。

杜仁竭尽全力，通过“照镜子”“挖井”，试图减轻她的压力。二胎的可能出现以及她和父亲之间的矛盾，加深了她对家庭的厌恶感，使她感到更加孤独。

如果你身边有朋友情绪有问题，请给予他们力所能及的温暖。也许你的一句话，一个眼神，一个举动，能彻底挽救他们。他们最缺乏的就是理解，所以请你们用爱去理解他们，包容他们。如果可能的话，让他们用自己最舒服的方式舒缓情绪，只要无伤大雅。你还可以帮助他们寻求适合自己的减压方式，降低对未来的期望值，调整自己的奋斗目标。请记住：爱和包容是一切关系永恒的润滑剂。

故事四　整形记

太多的人，被表象所迷惑，深陷其中，比如说胖子。他们有的人认为自己身上的肉代表着福气，那就是福气，他们会为此而快乐；他们有的人认为那是恶魔，而不断节食自残。内心没有方向的人，到哪里都是逃避。

洗澡是一件特别有乐趣的事儿。在蒸汽中，水一遍一遍滑过你的皮肤。

冲完澡的我，死死盯住那张镜子中湿漉漉又模糊的脸——黑眼圈，塌鼻梁，无神的眼睛，稀疏的眉毛。要不去韩国整形吧，明天就订票！说走就走！

携着此念，我席地而睡，怀里抱着一只玩具树袋熊。

梦里，我变成了一个帅哥……

“咣当”一开门，进来一对父子。父亲看样子是被熊孩子逼疯了，“无处申冤”才来到我这里来的。

父亲刚坐下，就大声呵斥旁边的男孩子："我儿子阿伦，这娃每天想整容，你说他长得这么丑，根本没必要去整。他怎么每天想这个，我真是搞不懂他……是不是心理上出了啥毛病？一个男孩子每天上网看整容方面的新闻和视频，是不是傻？"

旁边的男生啃着指甲，听着父亲的斥责，不做回应。男生皮肤黑黝黝的，脸型也不属于特别圆润精致的那种。他双脚并不像旁人那样很安稳地依着沙发，而是笔直地伸出去，运动鞋像两只小船一样翘在地板中央。

"整容？有趣的话题。"我刚刚做梦，梦到自己这两天还想整呢，真是想啥来啥。

"他想整成谁你知道吗？那个谁……抱歉，我一下子说不出来？哦，对了，照片……照片。"父亲急着从兜里掏出一张折得很皱的照片。

我一看，天呀，这不就是最近人气很旺的一个男明星吗？我再一仔细端详面前的这个男生，眼都看花了，实在看不出他们两个人到底哪儿相似。不过我也不好明说，我怕还没开始交流，就给男孩儿留下不好的印象。

"嗯，他蛮帅气的。"我看了照片说道。

"对，你说说人家天生就长得很帅，你一个小屁孩儿，也想整成他那样，你说可能吗？你也不看看你自己长什么样子，脑子烧坏了，我看你就是有病。”

“你才有病！整不整跟你有啥关系？你管过我什么？现在到这里来说事儿，有意思吗？”阿伦说了进门后的第一句话，看样子是憋不住了。

“我是你爸！你说你整天想着整这儿整那儿，哪儿还有心思读书？以后干什么去？去要饭吗？我可没钱养你。”

“要饭也和你没关系！”

“你再说一遍？”父亲很愤怒。

“这样吧，两位都消消气，咱们来这里不是吵架来的，是解决问题的。来来来，两位先喝口茶润润。”气氛显得异常紧张，我要先控制局面。

“阿伦，你觉得自己长得耐看吗？”

“就是因为难看，所以才整。好看还整个啥？”他不屑地扫了我一眼。

“好好说话。”

我伸出食指，示意孩子的父亲暂时不要插话。

“你为什么想整成他那样的呢？仅仅因为他帅？还是因为他很受欢迎，有很多粉丝？”

“女粉丝看见他都疯了，还有女粉丝说想给他生孩子。”

“这种话你也好意思说出口。你看看，养你是为了来气我的吧？还有，那些女孩也不是什么好孩子，没家教，不害臊。”

我倒对此见怪不怪了。

“那你觉得你脸上什么部位需要整呢？”

“鼻子不够挺，脸盘也太大，太阳穴也不饱满。”

“你看这不是瞎折腾吗？你把这些工夫用在学习上，也不会是现在这个样子！”父亲一边抱怨，一边苦笑。

“你能不说话吗？你知道什么？上次有个女孩儿，就在学校操场上，当着我的面，说我长得太黑，路过的几个女孩儿听到了，哈哈大笑，也不说话，看了看我，都哄笑着走了。”

“哦，对你来说，这是个打击？”

“你说呢？一个男的被女的这样说，这是耻辱。还有一次，婶婶来我家做客，刚见到我，就嘀咕，这孩子怎么和以前长得不一样了？我那天就没理她。”

“那她也没其他意思啊？”

“什么啊，她的意思就是说我没小时候长得好看，现在丑了，就这么个意思。”

“那你觉得，你整成那个男明星那样，女孩子就不说你了？别人都会认可你了？”

“肯定的，他那么帅，我就想整成他那个样子。”阿伦说这话的时候，并没有表现出很愉悦的神情。

按照我的治疗经验，想整容的人，在他们的心里，住着一位“巫婆”，叫自卑。按照他们的意思，其实整成谁无所谓，明星只是个“代言人”而已。

“那么——一定是外形的问题？”

“废话。”

我微微一笑。

“小伙子，你知道什么是整形吗？你了解过没有？”

“我网上都看过了，我每天都会上网看。什么隆鼻，垫下巴，打玻尿酸，这些我都知道。”

“你懂的还挺多的。”

“如果你想劝我不要整，或者说整容怎么怎么不好，你还是免开尊口吧。”没想到这臭小子居然将了我一军。

“我不劝你。”

阿伦开始愣住了，可能连他自己都不信。

父亲坐不住了，频频朝我使眼色。我暗示他不要操之过急，淡定处理是对付一切的不二之法。

“你是想成为那位男明星那样的人？还是光外表相似？或者你本身很仰慕他？”

“没有，我只是想外形上好看些，这样别人就不说我了，还会羡慕我，说我长得好看。”

“呵呵，追求美本身没错。那你整形就是仅仅为了让别人说你好看？”

“说不好，反正现在是的。还有，我想成功，这是种自我投资。你看很多长得好看的人都成功了，而且还很容易。”

“你还有明星梦？”

“谁不想当明星啊？明星多么耀眼，粉丝多么疯狂。明星站在舞台上，或者演电视剧，多令人羡慕。”阿伦的身体开始不由自主地摆动。

“刚才你不是说整容主要是不想让别人说你丑，现在又说想成名，你的目的究竟是哪个啊？”

“都有吧，反正总之就是整比不整好。”

“你看有些明星就挺胖，或者说外形也不符合大众审美，但他们还是靠自己的努力和实力成功了啊！”

“你说的只是很少一部分人，大多数情况还是长得好看的人更容易成功。”

我还是微微一笑。

“这么说，你每天会在打扮上花很大工夫吗？比如早上起来照照镜子什么的？”

“很长，每天总有半个小时弄脸弄头发，一个男生，娘儿们一样，一点儿没有男子气概，以后不会好到哪里去的！”

“你烦不烦？”阿伦冲着父亲嚷道。

我再次示意父亲先听着我们的对话。看得出来，父亲强压着怒火。

“这样吧，阿伦，我们先不讨论整容的事，你可以用小猪这个词来造个句吗？”

“我想想。嗯……嗯……小猪很可爱，吃饱了睡，睡饱了吃。”

“很好的句子！那么你再用小兔子造个句？”

“小兔子跑起来很快。”

“也不错，那你用小鸭子造个句？”

“小鸭子在水里游，很开心，没人管它，它只做自己喜欢做的事。”他不悦地扫向了身边的父亲。

“那好，既然小猪和小鸭都很开心，那么你就用你自己造个句吧。”

阿伦迟疑了一下，“我造不出来。”

“再试试，比如，就说阿伦怎么样。”

“我想整容。”短短四个字，可见整容这个想法已在他内心深深扎根了。

“你觉得自己可爱吗？”

他摇了摇头，没有丝毫的犹豫。

“你生活中有其他特长吗？如果你是那只小猪或者小鸭，你觉得你和他们比，谁更可爱？”

“我一点儿也不可爱，谁都不喜欢我。”阿伦的声音压得非常低。

“你怎么没有可爱之处？你找找，你哪里最可爱？”

他还是摇摇头，沉默不语。

“真的找不出？”

他依旧还是摇头。

我把头转向父亲，“你听见了吗？当你儿子评价中性的东西，也就是跟他没有太大关联的东西时，往往很积极。可一旦他转向评价自己，就很负面，很消极，甚至不知道怎么去评价，你发现了吗？”

可能是给我面子，父亲不住地点点头。

“我想说，在整容这件事上，他遭到了三重打击：女同学，亲戚，当然还有您。在学校里，女同学说他丑，他感受到压力。亲戚见面时，又有人说他不如以前好看，这又是一次打击，他很难过。现在作为父亲，您肯定也没给他好话，也没鼓励他，您反正也没说他长得好看。这三种压力混在一起，让他觉得自己很不好看。现在的他，觉得整容是唯一能让他过得舒坦的办法。”

父亲半信半疑地望着阿伦，火气比先前小了一些，但看得出来，他还是十分不理解儿子为啥会这么在乎自己的外表。在他的潜意识中，那应该是女人所关注的方面。

阿伦和父亲都特别安静地坐着。

“想得到别人的认可，整容是不是唯一的方法？”我不得不打破僵局。

阿伦有点儿犹豫，但还是点了点头。

“你有其他擅长的兴趣爱好吗，比如歌唱，书法，运动？适合男孩子的特长，有吗？”

“没有。”

“你确定你整容后，就一定比现在好？”

“肯定会。你看那些明星很多都整形，我都知道。”

“那他们背后的努力你看到了吗？究竟他们是因自己的外貌红起来的，还是他们的努力和自身实力让他们这么受欢迎？”

“那他首先得有一张好脸蛋吧，没有这个说什么也白搭。”阿伦急了，说完又笑了。

我笑而不语。而此时，阿伦有点儿不好意思了。

时间很快到了。他们起身，打了招呼，就走了。阿伦用怀疑的眼神瞟了我一眼，想说什么，可最后还是没说。

我其实懂他。

我不知道阿伦父子是否还会再来，这是他们的事。以前，也有一些家长打电话给我，说自己的孩子在衣着打扮上花了太多的时间，或者想减肥，往死里减，一阵鬼哭狼嚎。青春期的孩子想在众人面前搏眼球，成为同龄人的焦点，本无可厚非，阿伦不是第一个，也不会是最后一个。但年轻的心灵过早地染上社会的偏见，毕竟也不是什么好事。

人一定要真实。太多的人，被表象所迷惑，深陷其中，比如说那些较胖的人，当然在这里没有任何诋毁他们的意思。他们有的人认为自己身上的肉代表着福气，那就是福气，他们会为此而快乐；他们有的人认为那是恶魔，因而不断节食自残。那是他们的选择，任谁也改变不了。这种内心没有方向的人，到哪里都是逃避。

几天后，阿伦爸爸再次联系到我，说他爱人为宝贝儿子的事着急上火，一直和他吵架，下次她也打算一起过来。预约时间到了，阿伦一家三口并排坐下，但看得出阿伦和他们两口子之间的关系并不融洽，距离隔得很远。

“这小子还是想整容，反正我们不会给他一分钱，我们是一点儿办法都没有了，软的硬的都尝试了，他啥也不听。今天他本来不想来，但我们想再努力一把，就把他拉来了。”爸爸首先说话，妈妈沉默着。

难道我对阿伦的解读出现了偏差？我这个人有时也经常不自信，这是个硬伤。

“阿伦，你自己说，是不是还要整？”

他不回答，噘起嘴来。

“明白了，还是一定要整成那位男明星那样吗？”

“随便，但一定要整。”

“精神有问题。”妈妈在一旁细声嘀咕。

“咱们今天这样，我们来见一位我的老朋友，一位整形方面的专家朋友，他是这方面的权威。我想你即使真的要整，总还是要听听他的建议吧。”事后想想，这样的安排是明智的。

我看了看表，专家到了。

“我介绍一下，这是阿伦，他想整形。这位是国内在整形外科方面的权威——孙大夫。”

“你想整哪儿，小伙子？”孙大夫很和蔼。

“脸上，颧骨，我还想把嘴唇变厚些，还想美白，我说不好。”

“这样，我看一下。”孙大夫仔仔细细地检查了一下阿伦的脸部。

“你颧骨是有点儿高，整的话也不是不行，但难度很大，需要动手术。这属于比较大的手术。国内整形手术分为四级，你要做的就属于最高级了，手术成功率只有60%，做坏了，脸部肌肉就会顺势下移，人好像面瘫一样，难看得不得了，面部的肌肉神经也会被破坏掉。至于嘴唇变厚，也要靠手术或者注射的方式，但是搞不好的话，你的嘴角就会歪。本来还漂亮的嘴唇，变成啥样了？小伙子，你要慎重考虑啊。”

“听听，听听。”妈妈一直在敲边鼓。

阿伦的眼神中流露出一丝不信任。

“小伙子，怎么样，不相信我吗？我给你看一下临床的整形照片。”

孙大夫拿出自己的手提电脑，拿了一些图片给阿伦看。这些图片很多都是整形失败的案例。不看不知道，一看吓一跳。整容前后的对比照相当惊人。我们都感觉这不是在整容，而是在玩命。

“你去整容，就有可能是这个下场。”阿伦爸爸指着他儿子说。

“当然，整容成功的也有，但这是个概率问题，明白吗，年轻人？”

“其实，整容后你是可能会好看一些，但付出的代价会很大，这你能承受吗？还有，即使整了，也不一定能永久维持，是不是，孙大夫？”

“没错。小伙子，谁不想变得漂亮些？但你也要考虑潜在的风险，对吧？我接待过的年轻人想整容的多得不得了，很多都是你这个年纪的，或者比你大一些。有些是通过一定的技术手段，变美了，还有很多，一点儿都没变，甚至还变得难看了，不如以前呢。”

“可那失败的总是少数啊，你也说是概率问题，总有成功的吧。”

“有。但一旦失败，悲剧降临到你的身上就是100%。”

“是的，阿伦，好几个整形失败的人也来过我这里，我都不忍直视，他们都是戴着帽子和口罩，全副武装来的。”

以上对话像极了我和孙大夫在唱双簧，但其实我俩并没有事先说好吓唬他。

我清晰地观察到，阿伦的眉头皱得厉害。

“还想整的话，我就真佩服你了。”阿伦的爸爸在一旁喋喋不休。

“儿啊，大夫都说了，整的风险太大，你就别整了，行不行，行不行，就算妈妈求你了！拜托你了！你这样搞，我心脏病都要犯了！”妈妈带着哭腔，企图让儿子妥协。

“现在知道管我了，现在知道了？你们过去怎么没关心我，现在来干涉我？”

“以前他们怎么了？”

“你们现在就是为了你们自己的面子，不想被别人说你们的儿子整过了是吗？我还不知道你们，太自私了！”阿伦接近爆发。

“阿伦，不要太激动了。”

“他们俩在家每天就是吵架，谁也看不惯谁。我小时候，爸爸去了贵州打工，直到前年我才见到他。好多年了，我都快忘了他长什么样了。我对他都没什么感觉。自从他回来后，他管我管得很细，学习管，出去外面玩也管，什么都管。”

阿伦爸爸这时倒也说不出什么了。

“还有我妈，每次都抱怨我爸这里不好那里不好，不好你们离婚啊，我听得烦死了。可他们依然关系紧张。我在家里一无是处，没人待见，学校里没人爱，死了都没人知道。”

这是阿伦的心里话。儿时的关爱，亲人的照顾，是每个孩子快乐和自信的源泉。阿伦活得不快乐，整形或许是他重新看待自己的一个借口。

阿伦的爸爸妈妈都不说话了，他妈妈开始哭，看来被点中了“死穴”。

“我理解你的难处，你心里也并非一定想要整形。你其实也怕，对吗？”我故意放慢语速。

“怕？你什么意思？”

“你很矛盾，一方面你想通过整容，让自己变得更自信，你觉得你不快乐，你想通过整容让你生活得更快乐一些。但其实你也拿不定主意是不是整容后一定是这个结局。你也怕。”

“我怕这个？”

“你怕万一整不好，你也怕整的结果不如意，你当然会怕。你并不像你想象得那么坚决，你在犹豫。”

“你说什么就是什么吧。”阿伦开始松口了。

“整形其实也挺好的，阿伦！”

“嗯？”我估计他没听清我在说什么。

“我说整形其实也不为过，就是医生技术一定要过关，否则就会毁容。”

“嗯，也许吧。”

“如果说，你以前想整容，按照你的内心愿望程度，给自己打个分，你属于几分，1到10分？”

“10分吧。”

“现在呢？”

“8分。”

我倒吸了一口凉气，意料之外，情理之中。

“我要求你们站起来，把手作为一个很厉害的扫描仪，将你的手从头到脚向下运动，经过你的身体，直到你的脚。当你在扫描的时候，不管哪个部位不舒服就停下来并大声说出来，然后继续扫描。”

“放轻松些，各位，一起来，我自己也来，孙大夫，你难得来我这，你也来。”

“一定要做吗？”

“是的，一起来。开始！”

“老朋友，我后背有点儿不舒服。”

“那是你操劳过度了，你一定正在为某件事情而烦恼。”

“杜医师，我脚不舒服，怎么回事儿？”

“那是你想摆脱困难，你想摆脱而不得。”

“你呢？阿伦？”

“我，我，没有。”

“真的没有，真的？”

“就一点点心里不舒服。”

“心不舒服？”

“好像。”

“你心里有东西。”

“什么？”

“鬼。”

“不会吧，什么意思？”其他几个人都不惑地看着我。

“你心里住着个‘鬼’，它不相信自己。”

“我承认，我超级不信。”

“你想获得爱，获得美的体验，赢得父母的关爱，设法获得女孩子的喜欢，都太正常了。但你没有理解什么才是真正解决问题的途径。”

“整容难道不能解决？我可不会别的。”

“可能你现在觉得可以，因为你已经深陷其中了。美是什么？它是种感觉，是集合容貌，内涵和道德于一身。你不修炼你的内心，美从何来？”

阿伦没想到一向温文尔雅的我居然也开始加大了音量。

“有一次讲座，我曾问了底下许多年轻人，他们之中到底有多少人为了自己的长相而自卑过？结果，你知道吗，在场的人齐刷刷的几乎全举了手，所有的人都显得那么自卑，不自信，我也会有这种感觉。后来，我私底下悄悄问了一位女生，问她究竟她身上的哪一点令她不太满意，因为我实在看不出她哪里值得自卑——身材匀称，肤如凝脂，明眸皓齿。你猜她怎么说？她告诉我她的第五颗牙齿长得不好。我的天啊，那要用放大镜看了。”

阿伦很聪明，明白我在“指桑骂槐”。

“我很欣赏这样的做法：接受你不可改变的那部分，修炼我们能有所提高的那部分。一个人认为自己丑，就认为只能通过整容才能获得美貌。我这里曾经来过一位留美博士，月薪十万，够厉害吧？可他将自己说得一无是处，什么也不是，弄得我都好尴尬。”

阿伦面无表情。

看到了他的纠结，我知道还需要再下一点“猛料”。

“我记得你上次说过‘别人说我难看，我难受’，对吧？你知道我会怎么回复你吗？”

“不知道，反正你不会安慰我。”

“你家有镜子吗？”

“怎么？”

“有镜子，你就应该知道自己的长相，有自己的评判标准。”

“对。”

“在你眼里，那些光鲜亮丽的明星是帅气的。”

“是，没错。”

“如果你心目中那位帅气的男明星外表是100分，按照你的标准，我能打几分？”

阿伦看了看我，“不好意思，是你让我说的，75分吧。”

“在我看来，70分差不多了，你还是很给我面子的。”

“没有啊，75分。”

“其实我了解自己，就算你说我只有50分也没关系，因为我内心对自己的打分就是70分。”

“知道自己的标准，对于别人的评价就可以理性对待了吗？”

“你小子终于开窍了。”我点了点头。

一般咨询完之后，我都不会给谁留作业，但我这次还是给阿伦留了个作业，“请给自己列一张你的优点表，越详细越好，10个以上。”

“啊？10个？我一个都想不到。”阿伦蒙了。

“不会的，你自己好好想想，会有的，然后按照这些优点的程度，给它们排个序。”

“肯定没有这么多。”

“你们说呢？”

“杜医师让你找，你就找呗。”

“最起码，我相信你身上有好多优点。”

他突然愣住了。

“我还想送给你一句话，多想想自己的长处，将它发扬光大，尝试着去接纳那些不可改变的事物。当你放下心结，坦然面对它们的时候，也就是你坦然面对自己的时候。放下心中的包袱，你才可以轻装前进。你的第一责任是使你自己幸福，你自己幸福了，你也就使别人幸福了，你爸爸妈妈也会幸福了。当然，爸爸妈妈也会努力为你创造一个和谐的家庭氛围，多多鼓励支持你的想法，让你感受到他们的爱。”

阿伦看了看我，没有说任何话。

青春期的孩子都喜欢漂亮，喜欢高颜值，这太正常了！连我这样年纪的人，也想尝试一把整形，更何况孩子？

青春总被定义为美好，也总被用姣好的面容，健美的身材这样的词来诠释。但是，青春的面孔大多平庸，甚至充满粉刺和青春痘。

一群许久未见的损友相约畅饮。席间，我忽然发现一个女闺密做了隆鼻手术。她也毫不掩饰，直呼明年还要去韩国隆胸。呜呼哀哉！

饭后回家，我路过某明星代言的整形广告牌，乍一看的确光彩夺目，抓人眼球。代言者的皮肤、容貌、身材，令人心跳加速，但诚然这份心跳并不是人人都可以承受的。因为在他们的眼睛里，我读不到任何的快乐。

世界本不属于你，谈不上放得下放不下。放不下的，无非只是那些执念而已。阿伦有，我们也有。

Mr.杜de笔记

其貌不扬的阿伦希望通过整形让自己帅气些，这本无可厚非。但是，一味追求外在，忽视内在，非理性地寻求外在的关注，恐怕并不可取。

如今，功利的心态和想成名的想法缠绕着许多青春期的孩子。他们希望通过整形，快速地取得自信，取得成功。很多人都有这种心态：我如果脸蛋再漂亮些，就可能获得更多的关注，更容易成功了。

杜仁在这个案例中采用了恐惧诉求法和身体扫描法，希望通过这些方法，来引导阿伦转换思路，正确认识自己。

其实，整形也好，减肥也好，都是为了给自己一个满意的外形。但是“整形先整心”，让自己的心灵更加阳光，恐怕才是最要紧的。

如果你身边有朋友要整形，请务必告诉他整形的风险，让他了解清楚整形的流程，帮助他正确看待整形。

故事五　悟空的紧箍圈

我怎么一坐到教室里，一看到作业就心烦，就特别不舒服？另外，我上课时根本没法集中注意力，老师在讲台上讲的内容，我什么也听不进去，大脑一片空白，什么也不能想，一想头就发胀发痛。你说我是不是脑子坏掉了啊？

一个老人走在前面，他的身上传来那种特别老式的留声机的声音。

我无暇听这些古董玩意儿，便快步超过了他。不经意间，我回头望了他一眼。他一脸的安逸，时光在他的脸上留下了道道褶痕。他根本不注意什么人走过，只是听自己的音乐。

这种颜色很苍白，透着怀旧，但里面装着的，是永远只属于自己的岁月与时光。

也许，慢下来，是种不错的选择。

手机铃声突然响起，我有点儿不情愿地接起来："是杜医师吗？我女儿已经连续十天没去上课了，谁说话也不听，她估计也不太可能上您那儿去，您看您能否出来见她一面，和她聊聊，让她早点儿回去上课。”

又是厌学！最近几年，我已经接手了不少类似这样的案例，效果有的理想，有的一般。又要我上门！按照原则，我一般是不主动上门服务的，但事情总有轻重缓急，厌学的孩子一般也不会主动来求助，想到家长期盼的心情，我只好答应了。

几分钟后，孩子的家长出现在我眼前，焦急地说：“杜医师，你能抽空来，太好了！我这闺女没救了，没救了，没救了！”孩子的父亲一连说了三个“没救了”。这孩子该有多糟糕啊！

我仔细端详着这对夫妇，很是朴实。父亲老秦的衣服上带有几块泥巴，显然他刚从工地上赶过来。孩子母亲徐女士的衣衫上浸湿了汗水，嘴上还有点起疱，眼角布满了皱纹。

“这孩子现在都不怎么爱理人，也不好好读书，从上个礼拜开始就不去学校了，谁劝都没用。我们是软磨硬泡都试过了，好话也说了，打也打了，骂也骂了，全都没用。”老秦表示对女儿没辙了。

“以前这孩子也在学校住过一段时间，后来和同学关系搞僵了，就不住了。我们有两套房子，她现在自己住在离学校近的那套，我们住在距离远的那套。她说喜欢一个人住那里，我们原想她一个人住会不会有问题，可我女儿坚持要一个人住，我们也只好顺着她。现在倒好，她居然说不想上学了，说自己待在教室里很不舒服，别人总要说她。你说这怎么行？功课怎么跟得上？这样子可怎么得了？不读书，我们家也没指望了。您看看有什么办法。可愁死我们了！”徐女士一边说着话，一边抹着眼泪。

老秦在一旁猛地抽着烟，不时抬头看看天上，嘴角紧闭。

“那么你们是希望我劝她回去上学吗？”我很直接，其实对于这种不想上学的孩子，我知道有时并不一定是出自他们本意，而是内心一种深深的抵触。

“是的，如果可能的话，最好能劝她尽快上学。”夫妻俩很统一。

“可我不能打包票，因为孩子有孩子的想法，你们的想法不能代替她的想法。我只能试试。还有，这需要时间，不能操之过急。当然最重要的一点，你们要配合我。如果你们做不到，就算了。”在一定的情境下，保持治疗师的权威是十分必要的。我并没有百分之百的把握一定能劝她回学校去，经验告诉我有时这样做也徒劳无功。

孩子的行为都是一定刺激的产物，存在即合理。有时并不急于要消除行为，因为行为是有保护功能的，后面所发生的事情也印证了我的猜测。

我让他们在工作室附近的茶楼等我的消息。我心里也明白，处理这样的问题，如果不能第一时间让这个孩子信任我，那就准备打道回府吧，所谓的大道理在他们面前就像空气一样微不足道。

我按照老秦给的地址找到了孩子的住所，敲了敲门。

“谁？”里面传来很小的声音。

“我是你妈妈很好的朋友，来看看你。”我努力听着里面的动静。

突然没声音了。我一度以为她不愿给我开门。房间内外一片寂静。

过了大约半分钟，门嘎吱一下开了，我悬着的心也放下了，至少没吃闭门羹，我暗自窃喜。

“你是我妈妈的朋友？那进来吧。”她有点儿本能的疑惑，声音还是很轻，神情木讷，眼神游离，根本没瞧我。

我扫了一眼她的房间。这哪儿像是女生的房间？乱，很乱，非常乱！脏衣服、作业本、零食的包装、可乐瓶……散落得到处都是。

“我妈的朋友？我怎么以前没什么印象。你是我妈请来要我回去上学的吧？如果你想劝我回去读书，你就不要说话了，我也不想听。”她耷拉着脑袋，依旧没有正眼看我，眼睛斜向一边，头发很乱，油油的。

“我并没有这个打算，我只是作为你妈妈的朋友来看看你，仅此而已。”

“哦，那就好。烦死了！他们每天都找人来让我回学校去，今天是这个朋友，明天是那个亲戚。我都说了，我不想回学校去上课，我不想读书，读不下去了。”她有点儿激动地说着。

“也好，不读书也没什么大不了的。没人管你早起，没人管你学习。不用管你考多少，也不用管你排名是多少，挺好的。”我顺着她，让她不抵触我说话。

“你这么说是在怪我不好好学习吗？”她扫了我一眼，又离开了我的注视，这时我终于看到了她那张苍白的脸。

“哪有？我是真心觉得你这样不错啊。”

她开始沉默，没有和我对视，房间里萦绕着某个电视综艺节目的音乐。

虽然我们都在沉默中，但我还是觉得和她的交流是积极的，这孩子并没有把我扫地出门。

“小秦，你还没给我倒水呢，怎么说我也是客人啊！”我试图缓和一下气氛。

她露出一丝很勉强的笑容，倒了一大杯凉水递给我。

“一个人还住得惯吗？”我决定从生活方面套近乎。

“一般般，不过很自由，没有教室里那么吵，不用做作业，做作业一点儿用都没有。我每次写作业脑袋都痛死了，还闷得很。我不去上课就不用怕别人说我了。”

学习时脑袋会痛会闷？这是一个信号，这在学困生中经常出现。难道她也是？她还怕同班同学说她，难道人际关系也不好？

“我受够了，不想学了，谁都不要和我谈学习，一进教室我就烦！”她的音量忽然提高了至少20分贝。

我接着闲聊：“你现在每天按时睡觉吗？”

“看心情，有时候早，有时候晚，我每晚看电视，看着看着就睡着了。”

聊到这里，我发现了一个问题，这孩子和我说话，几乎一直用很低沉的声音，而且长时间没有正眼瞧过我。这说明她对我还存在些许疑虑，可能某些话对我说了谎，心虚。

我继续试探：“那你现在这样，学习成绩能保持吗？我想听听你的看法。”

“可以的，这点没问题。”

可能我这句话又像回到了别人的老路，我也承认自己有时会有些操之过急。

于是，我决定调转“枪头”：“那就好，现在的你似乎很平静，享受着难得的清静，我也看出来了。”

她不悦地扫了我一眼：“嗯。”

“他们好像都挺反对你这样的，是吗？”

“他们每天像唐僧一样，唠叨个不停，我不想和他们说话。他们每天打我电话，问我什么时候去上学。他们根本不知道我心里在想什么。当然，你也不懂。”

“那你能告诉我，你心里在想什么？”我瞬间抓到这个话题，决定顺藤摸瓜。

“我自己也说不好……不知道，说不好，乱乱的。”

“你感觉现在这个样子是你理想的生活状态吗？”

“算是吧，我说不清，很乱……我说了你也不明白。”。

时间过得很快，在断断续续的交流和沉默中，至少我能确定她不是单纯的厌学、逃学，她在刻意回避什么。我有一个强烈的想法——小秦在学习中一定有什么令她难以忍受的。

我在离开前嘱咐她两件事：一是要有什么话和父母好好说，不能恶语相向；二是要把自己的生活处理好。她都表示同意。我让她尝试慢慢改变，并鼓励她。我留了联系方式，让她有什么困难直接找我，我都会帮助她。

回来途中，我思考着：小秦厌学的症结在哪里？从刚才的谈话中我发现，似乎是因为她读书时会头痛？还有她说进教室很烦？是学习压力太大？她为什么那么不想进教室？带着一系列的疑问，我拨通了老秦夫妇的手机。

我们约好的那家茶楼环境清幽，循环播放的中国古典乐让人心醉。我穿过右侧的小桥流水，走到了“小瀛台”包厢。

老秦夫妇坐在里面，面容憔悴，好像刚争吵完似的。一走进房间，徐女士就急切地询问：“杜医师，她怎么说？”

“我觉得孩子的态度倒没我想的那么糟糕，见到我也和我说了很长时间的话。我和她断断续续地聊了一会儿。”

“真的吗？”老秦夫妇二人两眼放光，好像抓到了救命稻草，“她已经很久没和一个人聊这么久了。”

“别这么乐观。我觉得她在学校里肯定有什么事。这件事让她感到很难在教室里待下去。”

“杜医师，怎么说呢，我女儿以前刚进学校的时候成绩还是不错的，虽然不算拔尖，但也还算凑合，属于中上游。她对自己也有一定的要求。老师看她能力还行，就让她当了学生会的组织部干事，那段时间她也很开朗，事情也处理得比较妥当。后来不知怎的，听其他同学说，很多同学不同意她当那个干事了，一次民意投票选举，她落选了。自此以后，她就对人很冷淡，也不太说话了，成绩也开始越来越差了。”

“那她在班级里人缘怎么样？班级里有和她很要好的朋友吗？”

“一般般吧，有一两个还算能说上话的。但这次她不想上学，我让她们去劝，结果也是白搭。”

“你们夫妻俩平时对她学习上的要求高吗？”

“绝对没有，天地良心，我们没有太高的要求。我和她爸都是从农村来的，没啥文化，希望孩子以后有点儿出息，这点是肯定的。但我们急是急在心里，没对她提过要求。有时候她回家，我们也只是给她做好吃的，从不问她学习成绩。即使有几次考得不理想，我们也没说什么。她爸顶多也只是说让她争气一点儿，其余的也不说什么。可这孩子，现在不上学了，闹这么一出，我们对此就比较难以理解了。”徐女士摇了摇头，老秦直叹气。

谈到这里，我向老秦夫妇提出了自己的希望：首先这段时间不要逼迫孩子去上学，只需要让她平静地待在自己的空间里做她自己喜欢做的事，以免引起她更强烈的反感。孩子此时的抵触情绪会很强，一旦被逼得离家出走，事情只会闹得更加不可收拾。另外，我还要求他们关注孩子的日常起居，主动关心孩子的日常生活，千万不要提及任何学习的事。

老秦夫妇一开始还不理解，经过我的解释，他们还是决定配合我。

拖着疲累的身躯，我回到了工作室，打开电脑，准备整理今天的资料。我可以基本肯定的是，小秦的厌学问题和她的学生会经历有关，和她在教室里的情绪有关，甚至还可能和她的学习效率和精神状态有关。但是如何搞定这些问题，我一时也拿不定主意。

有时，我像极了《神探狄仁杰》中的狄公，根据观察到的线索，不断进行演绎推理，直到找到事情的真相。

事情总会有起色。几天后徐女士打来电话："杜医师吗？我是小秦的妈妈，我女儿说她还想见见你，说你人很好。"

我答应和她再聊聊，确实我也需要把握住这些为数不多的沟通机会。

我打车来到了她的住处。

"小秦，想和我聊什么？"

"你是心理医生吧？"

"你怎么知道？"

"那天你回去以后，我问我妈了。她架不住我的逼问，就招了。"

"这样啊，那你觉得我这人怎么样？"

"挺好的，实话说，你是唯一没有一直劝我回去上学的人。他们很多人都是一进门就劝我回去上学，或者有些人一开始不说，后来也绕回到这个主题。这几天我挺无聊的，就想起你了。我让妈妈联系你了，可以陪我说说话吗？而且我之后想过你上次说的话。"她自己转了话题方向。

"上次我说的哪句话？"

"说不清具体哪一句，不过我觉得也许你真能帮助我。"我清晰地看到她的眼睛开始注视我，虽然不是直视，但整个感觉有了大进展，这是突破性的一步。原来，上次的谈话对她其实还是有作用的。

“那你现在是以心理医生的身份和我谈话吗？你是不是希望我回去上课？”

“不，我是以你朋友的身份和你谈，你有什么话不能和父母说的，你都可以放心告诉我。其实，每个人都会遇到坎儿，都会碰到自身能力解决不了的事情，就像你现在一样，不读书只是一种你的选择。”我要以情动人。共情是增进两人关系最好的润滑剂。

“你又开始分析我了。不过你说得我……我好难受……”她的眼泪一下子落了下来，看来她的警惕性开始松动了。

“别激动，慢慢讲。”我递给她纸巾，让她先释放掉这些负面的情绪。

“我觉得自己很难再学习下去了，真的，我跟很多人都说过，可她们都认为是我自己想多了。”

“那你跟我说说是怎么了？”

“我总觉得教室里的气氛不对，感觉有人在背后议论我，笑话我，说我没用。”

“这种感觉持续多长时间了？”

“有时候强烈一点儿，有时候还好。”

“你相信确实有人在说你没用吗？”这点很关键，我要确定她是否真实地看到或者听到议论声。

“其实我也不确定，但感觉上好像是。”

“你能听清楚他们具体在说什么内容吗？”

她想了想，说：“不清楚，就知道他们在说话。”

“你很在意别人的看法，是吧？”

“是的，很在意，怎么会不在意呢？”

“听你妈妈说，你当过学生会组织部的干事，那时你什么感觉？”

“很自豪。”

“那没当了以后呢？”

“很难受，感觉自己很没价值，很羞愧。”

“你觉得自己是怎样的一个人？说说看。”

“敏感，胆小……”

“你觉得你害怕别人的议论，和你的敏感有关吗？”

“应该有吧。”

“那你不去上学，就是为了逃避这种感觉？你不想让自己的内心受到别人的嘲笑？”

“有一点儿吧，我也不知道。”小秦深吸了一口气。

“你怕一进教室就有人说三道四，你怕那种压力，怕那种失落的感觉，对吧？”

“你说我是不是很没用？我跟很多人都说了，她们都让我不要太在意，说我想多了。可我一进教室，上课怎么也听不进去。你的解释我不知道对不对，我觉得头好疼……”

“自己的价值只有自己知道，别人定义不了。你的潜意识正在保护你。”

“啥意思？你觉得我有病？”

“我有几句话，我不知道你是不是想听，但对你肯定有用。”

“真的？”

“真的。”

“那好吧，你说吧。”

“潜意识，你有没有听说过？”

“有，和我有啥关系？”

“其实它是每个人内心最真实的想法。这么说吧，你落选组织部干事，你感到很难过，没面子，当时的你感到很难承受。那时你的内心会出现两个自己：正面的你和负面的你。正面的你代表积极向上的正能量，而负面的你代表消极堕落的负能量。这时，你内心负面的那个自己，让你感觉到有些声音在说你。其实这并不是你真实听到的，而你却相信了，这样你就有理由不去上学，逃避这种让你难受的感觉，你也能得到暂时的安宁。”

“你在说什么？难道真的是我心理有问题？我还是有点儿不太明白。”

“我打个比方吧，就像一个人家里死了亲人，他一下子无法承受这种痛苦，此时心中的一个自己会和她说亲人没死，而他也信了，总是逢人就说这个亲人没死，这样，他的内心才会好过一些，这就是很多人不愿意承受至亲去世的道理。”

“还能再举个例子吗？我这人脑子太笨，反应慢。”

“再比如说，很多人考试前因为紧张而肚子痛，就不去考试了，一点儿办法也没有。其实，这也是潜意识在起作用。潜意识认为自己没能力考好，这时候负面的自己又开始工作，让你有一种腹痛的感觉，而你自己也相信了，所以你就有借口不去考试了，这也是某些人内心缺乏力量的表现。”

“我有点儿明白了，其实说穿了就是自己骗自己嘛，是不是？”

“你很聪明，谁说你笨我跟谁急。”

“那你说我是不是很没用，用这种理由来骗自己？”她还是纠缠在自己有用没用的问题上。

“这不是有用没用的问题，而是你不够自信。”

“我觉得自己真没用，这么点儿问题都处理不好。”

“每个人身边都会有各种事情发生，有时很难处理，这不奇怪，关键是你看问题的心态。”谈着谈着，我把治疗师的架子又端出来了，长远来说，这对我不是什么好事。

“你说得对，可能我对自己太好了，经常会感到自己很无力。”

“无力处理身边的事情？”

“稍微复杂点儿的事情我就感到无力去处理。”

“你可能是有点儿自卑。”

“可我就是这个样子，改也改不了了。”

“你的自卑，你的无能感，加剧了你对问题的逃避。”

“那我该怎么办呢？”她的眼神中流露出一种真实的渴求。

“你愿意尝试一种方法，来释放自己的这种恐惧畏缩的情绪吗？”

“愿意啊。既然我找你了，就是相信你了啊。”

我让小秦把眼睛闭上，想象自己已经来到了教室。

小秦喊停了，说明她已经看到了教室。

“现在，想象这幅场景，彻底放松自己。”我必须要求她坚持。

“请你想象一下，你没进到教室时，教室是什么样的？”

“很多人都在，老师在，其他同学也在，里面很吵。”

“看看他们在做什么？”

“有的背书，有的做作业，有的请老师辅导学习。”

“你现在有什么感觉？”

“心跳有些快。”

“请再次放松你自己，深呼吸。”

小秦缓慢地吸气呼气。

“好，现在你已经走进教室了，请你在自己的位置上坐下。”

“坐下了。”

“什么感觉？”

“还好吧，同学们都在说话，还没上课。”

“想象一下，这时候有几个同学正在回头看着你，看嘴型，嘴里还在不停地念叨着什么，你注意到了吗？”

“看见了……”她声音有些发颤。

“你听到什么了吗？”

“听不清楚，我不想听了。”她呼喊着。

“不要害怕，你主动走上前去，听听他们在说些什么？”

小秦眉头越来越紧，这对她来说有点儿痛苦。

“听见了没？”

“还是没听清楚……”她的声音很微弱。

“那好，你再凑上前去听一下他们在谈论什么，是在议论你吗？”

“好像不是。”

“再近一点，仔细听一下，你很棒。”

“好像……好像……在说班上的一个男生喜欢隔壁班的女生，那个女生很漂亮，很多人喜欢她。”

“你想象一下自己和他们交谈这个话题。”

她紧闭嘴巴，眼珠子咕噜地转动着，我知道她在进行内心的对话。

“其实，他们并没有在说你，而是在说一个其他的话题，不是吗？正好你也可以去参与一下。”

小秦自己调整了思绪，睁开眼睛，回到了现实中。

“我是不是太在意自己之前的失败了？”

“你说的是学生会的事？”

“是的，其实在想象中我开始一直认为他们在说我，说我没用。”

“那后来呢？”

“后来我听到了你的指令，又觉得他们好像并没有说我。”

“你怎么说服自己的呢？你真的相信我说的话？”我故作好奇。

“也没有，我刚才就是一下子觉得自己内心有股力量，让我忽然意识到，他们并没有在说我。”

“你怎么忽然会有这样的想法呢？”

“其实刚才在想的过程中，我也认为自己原先的想法有些幼稚，可能是太在意某些虚名了，我也不知道，反正随便他们怎么说，管它呢！”

真是可喜的变化，我知道这在心理学上叫顿悟。一个人可能在某种情景下，会认清一些事情，这在平时几乎是不可能的。

结束前，我要求小秦每天至少尝试一遍类似的想象训练，一直训练到想象自己走进教室看到别人谈话感觉没事，不会害怕别人的议论为止。这样做的目的在于诱导出她心中另一个正面的自己，然后用理性战胜负面的自己，改变对教室不良的印象。

在此期间，我不断打电话鼓励她进行训练，但仍然只字没提让她回去上学。

一天，一个名叫“闪电女侠”的网友加了我的QQ，我还在纳闷谁取这么可爱的名字，对话框随即抖动了一下：

“哈哈，我是小秦，没想到吧？”

“呵呵，最近怎样？”

“那次和你谈过后，我去了一次学校，上了一堂数学课，但没听进去多少。”

“是吗？那也很好啊！”

“我现在能坐在教室里上课了，上学也感觉不像以前那么难受了，同学们的说话也影响不了我了。其实，你是在帮我。我一开始就知道，只是不想戳穿你。想不到你还真的帮到我了。”她突然发给我“一朵玫瑰花”的表情。

“这主要是你自己的悟性高。”

“哦，对了，我还有些学习上的问题，想要向你咨询，你什么时候有空啊？”

“下周吧，我们约个时间，可以吗？”

“好的。不过我不想去你那里。先下了，拜拜！”

她下线了。

一周后，我又来到小秦家。这次她穿得很干净，但脸上没什么笑容。

“我有一件事，觉得很烦，我觉得很多人都难以理解，你不是心理医生吗？我觉得你可能会懂。”

“谢谢你的信任，我将尽力而为。”我和她有力地握了握手，传递我的正能量，“你说说看。”

“我怎么一坐到教室里，一看到作业就心烦，就特别不舒服？我上课时根本没法集中注意力，什么也听不进去，大脑一片空白，什么也不能想，一想头就发胀发痛。你说我是不是脑子坏掉了啊？”

“你看书学习时记忆力怎样？”

“我现在记忆力很差，学的东西很快就忘了，上课反应也很迟钝。哦，还有，我现在很容易担忧，一点点小事我就会感到压力重重。我还很容易胡思乱想，大脑一刻不停地想一些乱七八糟的东西，想得头昏脑涨，但就是控制不住啊！”

“你就你提到的这些情况举个例子吧。”

“比如说，前一阵子复习考试，一晚上下来，就为了一道数学题，我居然什么题目都没做。烦死了，脑子都转不动了，好像自己瞬间变呆变傻了。”

“还有呢？”

“我背单词的效率特别差，几个很简单的单词也背不下来。一想到这个就心烦，我不想学习，把书扔一边，不想看。”

“是吗？”

“是的，我现在拿起试卷就烦，就想撕掉。放了一会儿，拿起来还想做，但还是没什么感觉，就又放下了。”

“你这样的情况持续多久了？”

“两个月了，之前还能坚持，现在是彻底不行了。”

“你身体上有什么表现？”

“没有力气，口干舌燥，头也很痛，特别是太阳穴两边，有时会胀痛。”

“头是不是经常觉得闷闷的，好像被套了一个无形的圈子，很难受？”

“你怎么知道？”小秦的眼神中突然发光。

“呵呵。我喜欢你现在的直率和洒脱，和以前完全不一样了。”

“你说我是不是不能读书了？这样学习的过程真是种煎熬！关于这一点，我和我父母也说过，他们说我太紧张了，叫我放轻松点，可我就是放松不了啊。”

“以前有过类似的糟糕情况吗？”

“以前很少。初中很少，几乎没有，小学就更不用说了。”

“你回忆一下，大概是什么时候第一次出现这种情况？”

“不记得了，反正刚进这所学校的时候还好。”

“学生会竞选落选以后是不是更严重了？”我试探性地问她。

“我觉得有一点儿，那时我的心情坏到了极点。学习很不理想，感觉自己每天浑浑噩噩。我做作业也特别慢，好像每道题都需要很长的时间来思考。”

“你平时对自己的学习有要求吗？听你父母说他们没给你什么压力。”

“有要求的，我觉得我的成绩应该要比大部分同学好，否则会让别人笑话，成绩不好哪儿行啊。”

“嗯，我赞同你的观点。你继续说。”

“可是我慢慢有点儿感觉到，我好像并不是那种非常聪明的人，我觉得我达不到自己的要求。我父母虽然没有给我很大的压力，但我自己很清楚，我们家的条件很一般。你也看到了，我不是“白富美”，也没有“拼爹”的资本。我就是想学好。但是前段日子，我很怕进教室，根本学不进去，上课时脑子就不听使唤了。上次你教给我的法子，我回去试过了，有点儿用，但上课时我还是很难坚持。老师说的话到一半我就听不下去了。”小秦述说自己的症状，思路清楚，语速也很快。

“那你再形容一下你目前的学习状态？”

“我觉得我像极了《西游记》里的孙悟空，他头上不是有个紧箍圈吗？我觉得我头上也有，被套住了，解不开。”

“越想解，越解不开，是吗？”

“嗯，对。”

“我给你两个名词，你根据它们说一个故事，好吗？”

“好的，你说。”

“猎人，兔子。”

“我想想啊……在森林里，一个猎人在打猎，碰到一只兔子，兔子想跑，没跑多久，就被猎人给打死了。呵呵，这只兔子真惨！”

“啊？这只兔子这么倒霉啊！你说说你在故事中最像哪个角色？”

“兔子呗。”

“为什么你选择兔子？”

“我感觉我就是兔子啊。很可怜，被这个追，被那个宰，我就像是只兔子。”

一个读书如此痛苦的孩子，怎能不厌学呢？我知道她患的是学生群体中很典型的神经衰弱。

神经衰弱，是指由于某些长期存在的精神因素引起个体脑功能活动的过度紧张。

学生表现出来的特点是易兴奋又易疲劳，常伴有各种躯体不适感和睡眠问题。

不少孩子具有某种敏感的体质，恰好小秦也是。学生神经衰弱的危害是头痛、头晕、失眠以及记忆力减退等大脑功能的紊乱。这些对孩子的学习是非常不利的，也是很多学生所无法忍受的。

我并没有就神经衰弱对她做过多的解释，因为我并不想给她贴上这样的标签。我想通过一些简易的治疗让她感到轻松，让她觉得头上的“箍”能松一点，我能做的也只能是这样。

“我还想说，我爸妈很苦，在我很小的时候他们就去工厂打工了。特别是爸爸，他以前在外面打工，听说也被人欺负。爷爷从我小的时候就瘫痪了，奶奶身体很差。他们去世了以后，爸爸的负担小了一些。我感觉我都帮不了他们什么，我很没用，还把学习搞得这么糟糕，我真的很对不起他们！我家里的条件，你也看到了，并不好。但我最在乎的，还是爸爸妈妈不要这么累。房子没有也没关系，房子小点儿也没关系。可现在我的学习这样，我……我还有个舅舅，对我很好，小时候经常买东西给我吃，每次想起他来我都不舒服，我总想找机会报答他，可……”小秦很激动。

我好心疼这个乖巧的孩子。

“我想好好读书，但我觉得好累，我读不进去。我的脑海里经常会有一个念头，就是不要再这样浑浑噩噩地学习，但我就是做不到！我好恨我自己，事情为什么会是这样……”

她倚靠在沙发上，眯着眼睛，傻傻地坐着。

我让她过两天到我的工作室找我。

再次见面，我们一同进入音乐放松室。我决定给她做一次全身心的心灵放松。我告诉她，听我的指令行动，身体尽量放松些。

我选择了一首她很喜欢的海边漫步的音乐作为背景曲子，缓缓地播放着。我让她坐在音乐放松椅上，摒弃一切杂念，听好我的声音。

“我现在按摩一下你疼痛的部位，按摩的时候你会感觉特别的舒服。按摩完以后，你的头部会很舒适，肌肉也更放松，以后再也不会由于紧张而疼痛了，学习也会更有效率。”我一边念着词，一边按住她的两侧太阳穴，轻轻地揉着。

我明显感觉到她的呼吸非常平缓。

这只是一次很小的尝试，因为神经衰弱的治疗需要一个过程。

之后，我建议小秦妈妈带孩子去医院，配些维生素和健脑的保健品，这对她来说很有必要。

我知道，人生来就要做有兴趣的事，体内的潜能才能被激发出来。

古希腊某位哲学家，曾给他的学生列过一张快乐的需求清单：

1.茅屋一间。

2.可以作乐的朋友。

3.避免钩心斗角。

4.有思想。

5.幽默和保持自然的天性。

除了没盖房，我都做到了，你们呢？

无数的人在乐此不疲地让自己痛苦，为什么不痛下决心让自己快乐呢？

Mr.杜de笔记

孩子厌学，恐怕是眼下家长最操心的问题了。孩子怎么也不肯去读书，亲戚朋友老师都来劝过，但没有效果。其实，当他们不愿意再去上学时，立即劝说他们回去上课，有时并不是最佳的解决方案，就像故事中的小秦，如果一开始就强逼她去上课，肯定适得其反。

孩子厌学的原因很多。有的认为功课太难，压力太大，不敢面对而厌学；有的则是逃避责任而厌学；也有的是因父母的期望值太高而逃学；再者是孩子的自我放弃；也可能是孩子无法有效处理校园人际关系或师生关系。还有一点，“真厌学”和“假厌学”存在区别，前者是真不想读书，后者则是带有某种功能的行为，比如为了某种目的逼迫家长妥协，或和某位同学、老师较真等。

如果你身边有孩子厌学，千万不要对其实施暴力，简单粗暴地通过武力将其送回学校，而要分析形势，读懂他内心的潜台词，根据不同的原因进行判断，进而采取有效的应对措施。当然，平时培养孩子的学习兴趣，增强其学习动力，全面评价其学业的进步，才是最基本的途径。

值得一提的是，故事中出现的“神经衰弱”是很一个重要的词。如果一个孩子有神经衰弱的表现，那他很有可能是“读不进”，而非“不想读”，需要仔细区分。一旦孩子出现神经衰弱，便会出现学习效率下降，头痛，记忆力、注意力减退的现象，十分痛苦，需要好好调理。

小秦的“厌学”其实是既有“不想读”，也有“读不进”的成分。一味指责孩子，效果可想而知。一旦弄巧成拙，更大的风暴会等待着父母!

故事六 网球小子的『恋爱狂想曲』

你希望女生小鸟依人，但她同时也希望有一棵大树可以成为她的精神支柱，你能成为这棵大树吗？她的沉稳可能是对你的怀疑，对你的不信任或者考验。事实上，你们在互相比较着，比较着理想的TA和现实的TA究竟差多远，结果是越比越糟，发现对方完全不是自己心目中的公主或王子。

我心中的那个TA，一晃七年了，仍然占据着我心中最神圣、最纯洁的位置。任凭时光变迁，她的形象在我心中没有丝毫的改变。

我始终用虔诚的心在爱情的神坛上供奉着TA。

在爱里，我们久病成医。

哪怕无法根治自己的伤痛，也懂得了如何麻醉自己。

如果你是阳光，我希望没有阴天。

老王，某医药职高的主任，说他们班正准备搞一个关于恋爱主题的辩论赛，急需一位“资深内行”的医师担任嘉宾。

碍于情面，我只能赴约。至于活动的质量，

我倒不是很看重。中国孩子的早恋问题，好像永远都被掩埋在地底下。在家长、老师、社会三座大山的压制下，他们早已学会了隐瞒。

辩论赛如火如荼。正方辩手需要说说恋爱的好处，反方观点反之。

正方一位胖嘟嘟的男生首先陈述道：“我认为中学生恋爱肯定是好事，这不表示我们会远离自己的圈子，只要我们亲爱的父母不横加反对，就不必因此而担心，我们的学习只会因此更好。同学们，中国古代多少才子都是先成家后立业，情侣之间能更好地促进双方的成长。”他的言论立刻引来台下观众一片掌声。

反方毫不示弱，一位看似矫情的女生表情夸张地说：“中学时代的恋爱太可怕了！多少纯情少女被玷污，多少男生女生偷尝禁果，多少妙龄少女陷入了情感的纠缠，无知啊，同学们，这难道不是在亵渎爱情吗？”

她说完后，还甩了一下斜长的刘海。

从观众席中爆发出一阵阵热烈的掌声，当然女生居多，男生也偷着乐，看来此君的观点也道出了大多数人的心声。

“杜医师，作为资深的心理专家，你认为中学生可以谈恋爱吗？请你跟大家谈谈什么是爱情吧？”主持人微笑着向我提问。

“我猜，在座的同学应该多数认为中学生恋爱是美好的。你们不用急着否认，你们中有的明恋，有的暗恋，有的纯情，有的朝三暮四，有的从一而终……”底下瞬间炸开了锅，笑声、骂声、叫好声、倒吸冷气声，混合在一起。

“难道不是吗？你们不是让我发表意见吗？有没有同学敢说自己没有以上任何一种想法？”

台下的同学们，你看看我，我看看你，都憋着不敢笑出声来。

“都没有？那你们要去看看医生了，至少也要来见我，看看有什么心理问题！谈恋爱或者说爱慕一个人，这种需求是作为人类从古至今遗传下来的，没有恋爱，没有爱情，哪儿来你？哪儿来我？”

大家满脸的不可思议。

“都说学生时代的爱是最纯洁的。在爱情的道路上，你会疼，而这种疼最是让人刻骨铭心。你喜欢一个女孩子或者你仰慕一个男孩子，凭的是什么？凭你的长相？凭你的家世背景？NO，获得他人的青睐更多的是靠学识和才情。这世上没有人喜欢一个不求上进的人，也没有人喜欢整天惹是生非的主。如果你已经喜欢上了别人，首先恭喜你，你成熟了！如果你被别人关注了，那也要恭喜你，至少你有让人欣赏的地方。爱和被爱都是幸福的，不是吗？至于爱情是什么，我也说不清，也许爱情是一幅画，需要你们共同去描绘；也许爱情是一支曲，需要你们共同去演奏；也许爱情是一首诗，需要你们一起去吟诵……”

台下鸦雀无声。

一位女生突然站起来：“爱情万岁！”

同学们都站起来鼓掌，欢呼，击掌，拥抱。他们此刻的心情我是能理解的，毕竟我也年轻过。

活动现场效果很棒，但我还是隐隐感到了一丝凉意。

这个年龄段学生的恋爱本身就是一种天性的自然需求，却被家长和社会干涉或扼杀。这正常吗？

之后的一段时间内，我总是沉浸在小小的自恋中，眼前总浮现出学生起立鼓掌的场面，久久挥之不去，我想这可能是虚荣心在作祟。事实上，现在很多孩子经历着懵懂的爱情，他们不断和家长、老师进行抗战，结果谁都没有赢得最终的胜利。

当你遇到对的人，就是遇见了最好的风景，冷暖自知。

晌午，我正在工作室打扫卫生，一个高大挺拔的男生出现在我面前。他身着松垮的运动服，身材超好，浑身散发着青春的气息。

“我有什么能帮你的吗？”我再次眼睛扫向他。他面色显黄，头发细软，但很阳光，一股男性运动后特有的浓浓的气味飘进我的鼻腔。

“打扰你了。上次你来我们班做嘉宾，还记得吗？那时我就觉得你的话很有道理。能聊一会儿吗？”

“当然可以，你希望聊些啥呢？”我猜应该是关于爱情的话题。

“我……恋爱了。但最近我和她关系不太好。”男孩儿深深地吸了一口气，望了一眼天花板。

“别急，你慢慢说，你们认识多久了？”我需要全面了解他的“爱情故事”。

“我和她是在一堂体育课上认识的。巧的是，她就坐在我边上。她看见我了，我也注意到她了。缘分好像来了，当时我们就蛮投缘的，之后我们就在一起了。我喜欢打网球，就经常拉着她一起打。她说我打球时的样子特别帅，特别阳光。她也对我不错，我对她也很关心。”

“听得出来，你很享受那段时光吧？”

“是的，可最近不知怎的，她好像变了一个人，变得不太爱说话了。我没惹着她啊，问她最要好的朋友，她们也不知道，都说这就是她的性格，冷冷的，像个冰美人。但最近和她在一起，我感觉没以前那么好了，我们之间似乎隔着一层纱，再也找不到以前的感觉了。我都快郁闷死了，最近打球都不能集中注意力。拜托，杜医师，你帮帮我，我好喜欢她。”

“你们俩相处的目的方便告诉我吗？”

“这还有啥目的啊？两个人看对眼就在一起了！”

“有时候，恋爱目的不尽相同，有的人喜欢显摆自己的异性缘，有的人是真心喜欢某一个人，有的人是想找情感的初体验。你呢，是真心喜欢她吗？”

“嗯。这点我保证，我不是玩玩儿的。我希望我对她好，她也能对我好。”

“我明白了。你对她的感觉是什么？”

“有点儿不好说……她一开始对我还算热情，也算体贴我。天气冷了，她亲自织条围巾送给我，让我注意保暖，那次我真的超感动。”

真是个可爱但又心细的大男孩儿，但我总觉得他缺少点儿什么。咨询的主线似乎应该围绕他的恋爱问题，帮助他解决在这段恋情中的困惑，教给他处理这段感情的方法。但是经验告诉我，恋爱问题经常和个人的自我感觉有关，和个人的成长经历有关，几者紧密相连。

我决定继续探索他的内心世界。

“你觉得你们的关系开始降温，或者说你们的热恋期已过，你直接问过她的感受吗？”

“问过。”

“她怎么说？她正面回答你了吗？”

“她当时说她父母发现我们在交往，说暂时先不要堂而皇之地让人指指点点了，听到这话我很心痛。还有，她曾经说她父母给她很大压力，她有时真受不了，希望我能安慰她。可我那时刚好忙着参加省里的网球比赛，结果也没太在意，她可能生气了，这也是一个原因。你说男女朋友之间都这样吗？”

“男女朋友？”

“难道不是吗？”

“同学之间有好几种关系，有的属于亲密好友，有的属于情侣，有的属于亲密异性关系。你再细细想想你们属于哪种，不必急着就下定义。”

“哦。她经常说我没心没肺，不会顾及别人的感受。她经常和我说，要多在乎别人。她也说她心里有我，只是在学校不能表现得太张扬，我也理解。可问题是，我们现在没有男女朋友的那种亲密！”

“亲密？你是指的什么？”

“就是像别人那样经常黏在一起的啊。”

“这样吧，现在我这里有一张白纸，你随意画下你自己，不用想太多。”

他的画很有意思。整个人只占到了图纸的三分之一，头很小，眼睛一开一闭，四肢并不是很舒展。图纸上还画了一点星星。

这个外表高大英俊的网球小子，内心还挺细腻单纯的，或者说有些敏感，想法很单线条。他所期望的爱情，现实中其实并没有来，他沮丧失望，还在继续编织爱情的网。

这种男生的爱情故事想来很唯美，但似乎只出现在偶像电影中。现实还是残酷的。从他画的图来看，男孩儿的行为并不是放得很开，甚至有点畏缩，安全感不够，可能女孩儿也感受得到，点点繁星也表明他的心理年龄还不太大。

“她是不是不喜欢我了？”这是这个男孩子的心声，也是他最在意的一点。

“现在还不好说，我还无法判定。”

“那我该怎么办呢？是继续和她交往？还是怎样呢？”男孩儿着急了。

对于我眼前的这个男孩，我似乎应该给他一些建议，但我不能仅仅只是这样做，如果我这样做了，那也是无知了。

他和那个女生的问题，不仅仅是两个人相处这么简单的事，更是掺杂了许多道德的、家庭的和个性的因素。我可以感觉得到，男生和女生的恋爱问题，肯定和他们的个性和家庭成长背景有关，顺着这个思路才是正解。

这个男孩就像驾着一艘船，随时会被大浪打翻，但这是他必经的过程。驾船的他，只能忍受疼痛，继续前行，否则他以后会在情感道路上寸步难行。因为人只有体验过，记忆才会深刻，谁不是这么过来的呢？

我让他回去后思考一下我所说的话，再找机会和那个女孩子沟通一下。

他狐疑地看了我一眼，可能是没能从我这里"取药"成功而感到遗憾吧。

在我的意识中，这个网球小子一定会再次"光临"，而事实也印证了这一点。当他再次出现的时候，我没有感到意外。这次他穿着一身休闲服，头发还是有些凌乱，眼睛依旧显得无神。

"作为一个男人，连个女朋友都谈不好，我是不是很没用？杜医师，我周围的同学很多都有自己的女朋友了。"

"我不这么觉得啊，为什么这么说自己？"

"感觉自己做人好失败。"

"交朋友遇到些问题，和做人失败有什么关系，这么容易上纲上线啊，小伙子？"我打趣道。

"唉！"他叹了口气，挠了挠头。

"上次我和你说要找那个女孩沟通一下，你试过了吗？"

“她还是那个样子，说什么父母开始跟老师告状了，让我暂时先不要联系她了，说她心里有我就行，奇怪了，我怎么就感觉不到啊？”

“你一直在给她压力吗？”

“我不知道。”

“你既然来找我，就说明你相信我。根据我的观察，虽然你外表很阳光，但其实内心挺自卑的，你同意吗？”

“自卑？好吧，你可能说得对，或许我给了她太多的压力。”

“能说说你的家庭吗？我总感觉你内心有什么需求，有需要发泄的东西。可能有时生活中有些不愉快，虽然平时感觉不到，但它始终存在着。”

“其实，我特别在乎别人对我的看法。以前是，现在也是。我家还算有钱吧，我爸自己承包了鱼塘，钱赚得不少。我妈成天打麻将，也不太管我。我觉得他们也没对我抱太大的期望，说以后只要我有一份稳定的工作就可以了。”他两眼平视着前方，“你知道吗？以前别人老说我，这也不行，那也不行，还不是靠老爸的关系才混进了职高，要不早就混社会了。我考进了职高，跟我爸有啥关系啊！还有，我发现了一个残酷的现实，那就是人要争气点儿，自己学点儿本事，不然别人谁也不搭理你。”

他的眼圈有点儿发红，看得出他内心的愤怒。

“谢谢你的分享。刚才你说你很在乎别人的看法，那也一定很在意你女朋友的看法了？”

“以前很在意，最近她一直这样若即若离的，我也无所谓了。”他耸了下眉毛，苦笑了一下。

“无所谓？改变这么快！”

“不然能怎么样？可能她就是这么个人，脾气就是这样的。”

男生表面装得很淡定，其实不难看出，他内心的失意和不满。

他渴望一段爱情，渴望受人尊重，渴望与人交往，他是彷徨的，不知所措的。

“那就说说她吧。”

“她……也不是很漂亮的那种，但人很好。她学习很用功，至少比我用功多了。她曾经和我说过，她希望找那种有责任感的男生，她希望能有个人陪在她身边。但不知道怎的，她又很喜欢独立，不喜欢男生总黏着她。这不矛盾了吗？我不理解了。”

“其实人的性格有很多面，就像你一样，既有阳光开朗的一面，也有内向敏感的一面。她也是一样，只不过你可能更多地关注了她依赖人的一面，而不习惯她独立的一面。你感觉出来没，你们俩都缺乏情感的关注，简单地说，都缺少爱。”

男孩不说话了。

“你们的成长经历都有不完整的部分，你们的个性都有缺陷，但这都不要紧，我们每个人都有不完美的地方。但问题是，如果个性无法做出全新的改变的时候，你该如何自处，如何应对，这是需要聚焦的关键。你希望女生可以小鸟依人，她同时也希望有一棵大树可以成为她的精神支柱，你能成为这棵大树吗？她的沉稳可能是对你的怀疑，对你的不信任或者考验。事实上，你们在互相比较着，比较理想的TA和现实的TA究竟差多远，结果是越比越糟，发现对方完全不是自己心目中的公主或王子。”

“我有点儿乱了，杜医师。你的说法我没想过，我回去好好再想想。不过有一点，我是真的很喜欢她，否则我早就和她分手了。但我好像又有点儿懂了，有点儿。”

“那你现在觉得怎样？”

“我感觉自己就像走在沙漠里，没有方向，好渴。”

“那我给你一个小提示，做人保持本色最要紧，不要总是去猜女孩的心思。有首歌不就这么唱：女孩的心思男孩你别猜，你猜来猜去都猜不明白……”

我和他都乐了。

一阵笑声以后，男孩子再次手托下颚，陷入沉思。

“杜医师，当初我来这里，也就是和您聊下感情这事儿，我觉得你可能会给我支着儿，但您没有，我有点儿不理解。不过现在有些开窍了，先做好自己，对吧，再去处理和对方的关系。那你相信我们之间有爱吗？”

“昨天我刚看了一部电影，说的是一个女孩儿喜欢上了一个狼孩儿。虽然故事的结局是他们无法在一起，但是这种爱情却很感人。在情感中珍惜对方，在生活中爱护对方。我相信，学生时代的恋情是最美好、最纯真的，因为不掺杂任何杂质。不论你们是爱也好，是情也罢，是好感也没关系，这都是人生的经历和体验。只要经历过了，无怨无悔就可以。虽然你现在可能会伤心、会难过，甚至感觉有些难堪，但是你看这期间引发了你多少思考？人需要逐步成熟，这需要一个过程。在挫折中建立起来的自信，这股力量是强大的。”

“杜医师，我会再想想，不过还是谢谢你。有空还能来找您吗？”

“为什么不呢？”

男孩儿飞一般地冲出去了，看样子心情好了不少。

很多人都被人世间最神奇的东西——感情困扰着。我帮助他们分析问题，帮助他们认清情感“浪潮”中的那些“暗礁”。许多时候，来访者恋情的困境只是表象，而客观认清自我和他人，理性处理两性关系才是本质。

有时，男孩也好，女孩也罢，在处理情感时都很“自私”，都想对方按照自己的意愿行事。他们忽略了一个很重要的问题，当你评价对方的时候，对方也在评价你；你在指责对方缺点时，对方恰好也在挑你的刺。

那个网球帅哥也是，我觉得有必要帮助他达到内心的平衡。只有他的内心和谐了，他的内在生命才能饱满。一旦生命饱满了，他就知道路该如何走下去了。怎么平衡学习和恋爱的关系，怎样对待女生，他就更加清晰自己的方向了。

当他第三次来的时候，面容上多了几分笑意。简短对话之后，我把他带到了催眠室。帮他进行完深度的放松后，我开始引导他进入一幅画中。

“现在你想象一下，自己已经来到了一片草原。当这片草原出现的时候，你可以对眼前的景象做一个简单的描述……”

“这是一个山谷，周围都是山，山谷中间有条缝。顺着缝往里走，就是这片草原。”

“它宽阔吗？还是不太大？”

“宽阔。”

“算是宽阔的草原，是吧？你看到草原上的草了吗？什么颜色？长得茂盛吗？”

“比翠绿更深一些。”

“看看天气。”

“天是蓝色的。”

“晴天吗？”

“嗯，是的。”

“在草原上，你会看到花朵，也许是一朵，也许是一片，都可以。当花朵出现的时候，你可以向我描述一下花朵的细节……”

“是在草原上，零零星星有一些花。”

“能看到是什么花吗？比如说它是什么品种的，能看到吗？”

“一般的不知名的小野花。”

“颜色呢？”

“什么颜色的都有。”

“单层的花瓣，还是多层的？”

“单层的小野花。”

“现在你试着把花拉近一点，看清楚其中的一朵，你看看这一朵，它是什么颜色？”

“黄色的。”

“单层的吗？”

“是的。”

“有很多花瓣吗？”

“是一朵小小的向日葵。”

“这向日葵大约有多高？”

“比草就高一点点。”

“按植物的生长阶段看，大概在植物的哪个年龄段？”

“刚刚生长出来，还不是很成熟。”

“现在可能会有昆虫来到花的附近，你稍微等一下……你可能会看到，你再等一下……看看它是哪一种昆虫？”

“蜻蜓，一只蜻蜓。”

“看看这只蜻蜓，它是在花丛里飞，还是落在了哪里？”

“它落在花的上面。”

“再看看花，花有什么反应吗？”

“花仰着头，让它自由地落在上面。”

“那花是接受的。再看看蜻蜓的感觉？”

“它觉得挺好。”

“看看蜻蜓，它有多大？”

“和花冠差不多大。”

“能看清蜻蜓的细节吗？颜色或者外形什么的？”

“颜色是深黄的。”

“向日葵的颜色是嫩黄的，是吧？”

“是的。”

“现在蜻蜓落在花朵上，如果此时花朵对蜻蜓说话，它会说什么呢？”

“说我们挺熟悉的。”

“蜻蜓怎么回答？”

“它也说我们是挺熟悉的。”他嘴角微微一翘。

“看样子它们之间关系挺好的。”

“当你看到一朵花，然后一只蜻蜓落在上面，你的感觉是什么？”

“我觉得挺自然的，很好啊。”

“现在你看到它们逐渐地融合在一起了，慢慢地，慢慢地，你看见了吗？”

“嗯，看见了。”

“今天我们看到一幅十分和谐融洽的画面。现在我们尝试离开这个地方，重新回到现实，请关注你的呼吸……”

他渐渐睁开了眼睛。

“感觉怎样？”

“刚才的画面好温馨，我感觉得到。”

“现在你回到了现实中，感觉这两种生命呈现出一种怎样的状态？”

“我觉得是互相吸引。”

“你想对花朵和蜻蜓说什么？”

“祝福它们吧。”

我并没有对刚才的引导做出任何明确说明，只是嘱咐他回去以后，经常试着彻底地放松自己，照常去学习与生活。

我接触过不少来倾诉恋爱问题的人。他们咨询的问题很杂，有如何避免尴尬的，有怎样和异性相处的，也有感情遇到了挫折该如何自处的。

有时候，我自己也很迷茫，很多人谈恋爱，为什么谈一次伤一次？

快下班了，工作室的信箱里有了一封信。拆开一看，居然是那位网球男孩寄给我的。

亲爱的杜医师：

你好，不好意思，没能来找你谈。我一直在思考我的问题。很感谢你这几次对我的辅导，好想请你吃饭，但兜里实在没钱，以后会补请的。来你这里还是会感觉怪怪的，一个男人老跑去那里说话，被人看见不好。今天给你写这封信，是想跟你说说我的体会。

我后来了解过了，其实她的家庭也很不幸，她爸爸妈妈给她的关爱也不多。她这人外在表现得很要强，她的心事基本上谁也看不出来。她后来才说她爸爸是跑工程的，一年到头几乎都在外边工作，连过年都看不见人影儿，一年到头和她说的话也是寥寥数语。她小时候有几次被别人欺负，都是妈妈带着她和其他人讲理、争吵。那时候，她就很希望有个强大的男孩儿站出来保护她，为她遮风挡雨。

她说有一次在网球场上见到我打网球的样子，被深深地吸引了。我猜想可能女生对喜欢的男生都有种特殊的感觉吧。她很享受那段我和她在一起的时光。但是慢慢地，这种感觉减退了，她开始迷茫了，还会感到说不出来的害怕。或许在她眼里，我只是一个半大点儿的小屁孩儿，根本不懂爱，却经常把爱挂在嘴边。可即使这样，我仍然很喜欢她，做梦也会梦到她，我当时真的很兴奋。她曾经说自己也弄不清楚自己是谁。我想到你说过人是多面的，很多时候都只呈现出其中一面。可能我关心她的方式出现了问题吧，让她感到不自在，可我控制不住地想她。我好想找个人来陪我，只是说话谈心而已。我在想，她是不是我的那朵花？是不是嫩黄的那一朵？

上次你提到的那部电影，回去我上网下载了，结果我看哭了。我一般看电影是不哭的，是不是很糗？剧中的男主人公为女生做的牺牲太大了，他真的很伟大，即使他不完全是人类。爱一个人只要把他放在心里就可以了，不一定非要天天在一起或者说要很亲昵。其实，杜医师，好几次我都快崩溃了，觉得人生没有那么精彩。但和你的几次谈话让我明白了很多，认识到自己很重要。你说过如果处理不好自己的问题，以后再谈多少次恋爱，结果都是可以预知的。刚开始我还怀疑，现在想想真是这样。自己有很多问题很让人讨厌，如果我不改变，以后还是会碰壁的。

我曾经恨过她，恨她为什么对我如此冷淡，但现在没有这种感觉了。我喜欢她没错，至今我都不后悔。但我想过了，首先要让自己更强大，只有内心真正强大了，做出点成绩来，她才看得起我。我不敢和她说，只和你说这些。

哦，对了，上次你给我做的放松小游戏很好玩儿，虽然当时没太大感觉。但是这几天不知怎的，我看周围的一切都感觉很美好，觉得这个世界好像变得光明了，阳光更加灿烂了，会不会是幻觉啊？我老觉得自己就像那只蜻蜓，忙忙碌碌地寻找着自己的那朵花。我想以后我一定会找到属于自己的那朵花。

写到最后，我还是要感谢你对我的鼓励和支持（很少有人会这么做），衷心地感谢你。如果有回信的话，请发到我的电子邮箱。

网球小子

这封信是手写的，虽然字体歪歪斜斜，但还是看得出他的诚意。为了郑重起见，我决定回信。于是，我登录邮箱用键盘敲入下了以下文字。

网球小子：

你好！很感谢你能用信件说出你的心里话。虽然我们只见过几次面，但我觉得你的理解能力还是比较强的，而且很聪明。最重要的是，你肯用心去体会自己的心声，体会别人，这点对现在的你来说特别难能可贵，希望以后你能继续保持这种心态。

你在信中提到了她的家庭情况，你也表示理解。你能坦率地把自己的感受和想法说出来，这一点我很欣慰。你喜欢她，这没错，人本身就需要爱与被爱。我很佩服你，你现在已经不回避挫折、不回避问题了。

请允许我用一个转折词——但是，因为这里还有几个问题，你必须考虑。一是虽然你很喜欢她，但你是不是她心目中的白马王子呢？二是她的个性是不是适合你？她跟你有无交集？如果她觉得你不适合她这条假设成立，那你能接受吗？你能淡然处之吗？有时候个性、背景的差距很难弥补。差距很大的两个人硬要在一起，所需要付出的代价太大，你不一定能承受。即使承受得住，你们俩也会很痛苦。

爱是什么，你可能理解得太肤浅，爱是在一起？还是浪漫？仅仅是无条件包容？其实生活就是很现实，你也感受到了吧？睡之前想想路有千万条，但睡醒了之后还是只能走老路。我们生活在俗世里，每天并非上演着完美的爱情：万水千山总能相聚。爱需要激情，需要浪漫，更需要环境的支持。

你感到很烦恼，可我觉得你很幸运，因为你开始体验爱了。因此，你要将这种感觉保持下去，最好的方法就是将它转化成动力，这种动力会促使你走向成功。你说过的，负能量最好能积极转化成催人奋进的正能量。当你拥有这些正能量之后，就会感觉无比轻松，那时的你会更加坦然地接受一切周边的事物，会更关注你身边积极的、美好的东西。当你内心充满喜悦的时候，也正是这份爱给你回报的时候。

最后，我想说，无论如何，你都要幸福快乐每一天。因为，你就是你，生命小宇宙中那颗最耀眼的恒星。

杜仁

信件发出后，我心里放下了一颗大石头。

我渐渐发觉，现在青春期的孩子完全没有我们想象的那么简单。他们就像这个网球小子一样，很多思维已经接近成年人了。他们内心有呐喊，有呼声，只是碍于某种环境无法表达，他们想抗争，想独立，但缺乏相对应的能力。

他们完全可以更加轻松地生活，只是他们身上套的枷锁太重。

今天，有人给我订了生日蛋糕，插了蜡烛，我开始许愿。

我希望有一个人，在万千人群中行走，我能一眼认出来。无论你说我好坏美丑，我都照单全收。

祝我35岁生日快乐！

Mr.杜de笔记

不知道“早恋”这个词用在故事中是不是合适。这个词确实困扰了不少青春期少男少女。早恋并不可怕，也不是洪水猛兽，而是许多青少年体验爱的一段单纯而且美好的回忆。如果孩子们不经意间发生了“恋情”，家长们请不要责备，这是生理和心理使然。沟通是能够解决问题的唯一途径。

故事中的网球小子在这段恋情中受挫，他开始抱怨，迷失了方向，失去了自信，这是值得注意的。如果因为在这段时期谈恋爱而造成了许多心理上的困扰，那么就要开始反思了。杜仁旁征博引，用生活化的语言帮助他厘清思路，帮助他理解对方的行为。杜仁还特意使用了意象对话的技术，让他进入情境，看花朵，看蜻蜓，目的都是为了搞清男孩儿的两性观念。我们有理由相信，经过辅导与沟通，男孩儿会正确处理和女孩儿的关系。

其实，在青春期恋爱并不是洪水猛兽。我们需要把握三个度：一是恋爱和学习的关系，二是和家长之间的关系，三是平衡自己和他人的关系。让孩子对自己的行为时刻保持清醒的意识，尤为重要。父母如果横加干涉，往往会造成激烈的冲突。在这种情形下，尊重是核心。

故事七　生命中无法承受之痛

“你继续向前走，你感到身体也越来越轻，你轻盈地飞起来。你看看……你的下面，河水都在你的下面。你已经完全飞起来了，你的旁边，白云扑面，和风徐徐，衣袂飘飘。你知道你将来到什么地方吗？”

“天堂。”两行泪水瞬间从她的眼角流下。

有人说，在亲人面前，我们都是孩子。有了他们的爱，我们才敢袒露天真，也正因为爱着他们，我们才能肆无忌惮地撒娇。

有人跟我交流，说自己的姥姥经常半夜给自己盖被子，进房间还关空调，好烦，但又不好明说，怕伤老人家的心。

我想了一下，说："孩子啊，老人还能有几年帮你关空调、盖被子？假如哪一天你看不到他们了，你该怎么办？"

可我们总是对陌生人微笑，却对自己的亲人刻薄。

我们万不该如此。

每个人都会有脾气，能为你忍下所有的人，是心疼你，胜过了爱他自己。

不知何时，妈妈的白发、眼角的皱纹，爸爸的哈喇子，看一次少一次。

一名为涛哥的陌生男子来访，神情极度不安。

“你是杜仁，杜医师吧。此事非你出马不可了。我妈过世两个月了，我们全家都很伤心难过。但是老人家能安详地走，还是很幸运。可我的小侄女——宛如，她却过不了这个坎。她从小就和我妈很亲，我弟弟很早就车祸死了，弟媳妇也不尽责。可以这么说，我妈在养育宛如的事儿上费尽心思。我妈去世的时候，宛如小升初，我们全家都没有把这个消息告诉她。现在她已经知道了真相。你说一般的孩子知道了这个消息，肯定是大哭一场，或者根本不能接受。她好像很平静，也不说话，也不哭闹，她还常常说在房间里还有田间，都能看见奶奶。我们家亲戚都劝过她，让她别这么难过，可一点儿效果也没有。现在她已经瘦了10多斤，我们都不知道她能否挺得住”。

“能说说孩子和奶奶的关系吗？”

“宛如从小就是我妈在照顾，所以宛如跟我妈特别亲，和我妈关系特别好。当宛如听到我妈去世的消息后，并没有我们想象中的悲痛欲绝，就好像什么事儿都没发生一样，为此我们还夸她很坚强，夸她长大了。但不久以后，这孩子就有了变化，接连几天不吃饭，不喝水，也没人敢在他面前提‘奶奶’这个伤感的词。宛如说总是梦见我妈和她说话。她从来不在我们面前表露出一丁点儿难过，也不理我们。这才是最令我们担心的。这两天她总算好点儿了，有点儿胃口，早上喝了点儿稀粥。”

“你和她交流过吗？”

“有过，每次和她说别去想了，她根本就不搭理我。”

“为什么你不带她一起来？”

“她不来，说除非让她见到奶奶。”涛哥一声叹息。

问题已经十分明晰了，这是典型的创伤后应激反应，如果不加以处理，心灵的伤口会不断扩大，最终造成终身无法弥补的遗憾。

心理学研究认为：生活中的消极事件都会给我们身心带来影响，事件越严重，越有可能导致各种不良的身心反应。青少年作为一个正在成长的群体，情绪波动十分显著，当他们在面对各种紧张的事件时，对他们会造成很大的影响，尤其是这类失亲事件，心灵伤害指数极高。

“如果本人没有主动求助的意愿，我也很难搞定。”

“杜医师，别价啊！我找过很多精神科的大夫，他们也给开了药，可宛如不吃。我打听过你在青少年心理咨询领域口碑不错，这下只能靠你了。你就当可怜可怜这孩子吧。”涛哥快哭了。

我受不了一个大男人的眼泪。

“通常解决这种情绪问题非常困难。”

“那我侄女就没救了？我求求你了。”

看着涛哥近乎绝望的眼神，我下决心尝试一下，因为我是一个容易被感动的人。

“她会过来吗？”

“这得要一个合适的说辞，直接说你是心理医生，她可能不会来。”

“你告诉她，我有办法帮助她见到奶奶，我想她一定会来的。”

“这么厉害，杜医师，你……你有把握吗？”

“你要是不相信的话就算了。”

“别，别，我只是随口说说。”

对于这类情形，我必须下点儿猛药，必须是猛的。

宛如最终来到了我这里，有一点儿出乎我意料。仔细审视面前这位女孩，着实让我感觉心酸。她挨着涛哥，无力地坐在沙发上，怀里抱着一只玩具小狗。听涛哥说，那是奶奶在宛如7岁时送她的生日礼物。

“宛如，你好。”

宛如呆呆地望着我，稍带警觉。

“你好，宛如。”我又稍微提高了一点儿音量。

“能带我去见奶奶吗？”她的声音很弱。

“你相信这世上有灵魂的存在吗？”

“信！我奶奶的灵魂就在，我常常看到她。”她抬起头，深凹的眼睛着实吓了我一跳，一点儿血色都没有。

“你在哪里看到了她？你确定就是她吗？”

“我的床头、卧室都有奶奶的影子。”

“你觉得她没走，是吗？”

“是的，奶奶绝不会抛下我自己走的。”宛如的声音很弱，整个人十分忧郁。

“宛如，奶奶不在了，她走了。”我故意大声说。

“怎么会？你骗我……你胡说！只有我能看见奶奶，你们都看不见。”这话听着就瘆人。

“你想她吗？”

她无力地点点头。

“你能帮我，让我和奶奶说几句话吗？帮帮我，我想和她说话。我想和她说话。”宛如忽然很激动。

我想是该使出撒手锏的时候了。

“我答应你，不过你必须听我的话。”

她的眼神有点儿冷，冷到让人害怕。

“你知道她去哪里了吗？”

“天堂吗？”这时，宛如似乎还有些理智。

“天堂里，没有烦恼。我……让你上天堂。”

“真的？”宛如的两眼放出了光。

我把宛如领到了音乐室，开始了这次“寻亲”之旅。

我把窗帘放了下来，室内的光线也暗了下来。我让宛如半躺在竹椅上，我就坐在她的旁边。

“宛如，闭上你的眼睛，尽量放松，你的全身就像背了个麻袋似的，很重，你的身子很快就会瘫软下去。”

宛如很快就进入了恍惚的状态。

“请你想象，你面前有一条很长的路，路的前面是一条很深远的隧道。隧道的光线很暗，你慢慢地向前走，向前走，你的心情很不错。”

我一边下达指令，一面仔细观察宛如的面部表情。

“请继续往前走，你已经走出了隧道，看到了一道很漂亮的风景。你的面前有一条河，很美很清澈，里面的鱼正在嬉戏。一阵微风吹过，河水中的鱼也开始向四面游开去。”

宛如的面色十分安详。

“你继续向前走，你感到身体也越来越轻，你轻盈地飞起来。你看看……你的下面，河水都在你的下面。你已经完全飞起来了，你的旁边，白云扑面，和风徐徐，衣袂飘飘。你知道你将来到什么地方吗？”

“天堂。”两行泪水瞬间从她的眼角流下。

“你的前面是一座崭新的宫殿，宫殿前有两个天使，我去叫天使，让他们把门打开。”

“嗯。”

“现在宫殿前，飘来了两个美丽的天使，他们正在推开殿前的门，你看到了吗？”

“看到了。他们穿着白色的衣服。”

“很好。现在小天使领你进去了。在你前方不远处有个菜园，看到了吗？”

“看到了，很小。”

“你四处寻找一下，你看到了什么？”

这时的宛如，突然非常激动，肩膀不住地抽动。

我知道她看见了谁。

“你看到奶奶了吗？”

“奶奶，奶奶，我想你了。奶奶，我没能去送你。奶奶，为什么你不要我了？奶奶，你现在好吗？”

这是怎样的一种撕心裂肺，这是压在她心底最深的话。我努力抑制住自己的泪水。

“奶奶在做什么？”

“奶奶在种菜，奶奶最喜欢种菜了。”

“你把奶奶叫过来吧，和她说说话。”

“奶奶，我有话和你说。”宛如真的张开了双臂，做出了拥抱的姿势。

“奶奶，你怪我吗？”

“怎么会，奶奶不会怪你。”我坐在了宛如的背后，开始了和她对话。

“奶奶，你怎么就这么走了？我以后还要好好孝敬你呢。”

“奶奶只要见到我们家宛如开心就好。”

“奶奶，你的腰好点儿了吗？每次看到你扶着自己的腰，我都好心疼。”

“奶奶的腰好多了，宛如最乖、最懂事了。”

“宛如不懂事，宛如惹奶奶生气了，奶奶就离开我了。”

“怎么会，奶奶不生宛如的气啊。”

“奶奶，我想和你在一起。”

“奶奶一直在你身边啊，你不是一直看到奶奶了吗？”

“奶奶，宛如知道奶奶喜欢吃鱼，就学会了做鱼，奶奶，我做给你吃，好不好？”

“宛如最乖了。”

听到这里，即使作为治疗师，我也忍不住落泪了。毕竟人性是相通的。

“宛如，奶奶告诉你，奶奶在这里很好，这里没有坏人，没有喧哗，宛如要放心，知道吗？”

“奶奶，我想陪你。”

“宛如最听奶奶的话了，宛如要好好地活着，听你伯伯的话，知道吗？”

“我不要，我只要奶奶！”

“我知道宛如想奶奶，但奶奶在这里真的生活得很好，无忧无虑，你也看到了。”

“奶奶，我想抱抱你，好好看看你。”

我擦拭了自己的泪水。

这其实是一次冒险，一旦宛如沉浸在虚拟的幻想中不能自拔，反而会事与愿违。但如果只是表面上的宣泄，又会有多少效果呢？我这人一向激进，最终还是尝试了。

我用轻松的指令让宛如回到了现实中。

她费力地睁开眼睛，环顾了四周，已经没有力气说话。

宛如的奶奶是因为长期劳累，得肝癌死的。他们一家人的生活都非常拮据。本来宛如亲妈就想让宛如辍学，直接去工作贴补家里，是奶奶硬给阻止了，并且继续供她上学。她不想宛如的学业就此终止。

难怪宛如这么深爱着奶奶，祖孙情深。

不知道是不是受了宛如的影响，我开始特别关注起母亲的身体健康。也许，我该感谢我的来访者，他们教会了我许多。在我的记忆里，母亲是对我最好的那个人。

我发誓，要让母亲过上好日子。

几天后，涛哥打来电话，说宛如经过上次的辅导后，状态稍微有一点点好转，睡眠也好了些，但这几天又开始不说话了。

“回去之后究竟又发生了什么？”

“昨天楼下的一位阿婆摔倒了，刚好被宛如看见，她就去把她扶起来。可这一扶，又出问题了，她说看见这位阿婆，就像又看见了奶奶。”

“晚上，我去你们家吧。”

“是吗？太好了，那我来接您。”

其实，我一直想去看看宛如的家。

他们家离我的工作室很远。

“宛如，还好吗？”我一见到她就问。

“昨天院子里的阿婆，好像我奶奶。我奶奶是不是回来了？我晚上一闭眼就会看到她对我笑。昨晚我还做梦了，梦见了奶奶，奶奶说她出远门去了，用不了几天就会回来。”

“介意我看看你的卧室吗？”

“嗯，可以。”宛如和涛哥将我带到了宛如的小房间。

一张醒目的照片冲进了我的视野——奶奶的画像。墙上贴满了画，都是宛如自己画的，大多数是她和奶奶的图画，有素描，也有彩色画。

“你看，奶奶还在吧？她就喜欢对我笑，你看这张，她笑得多灿烂。奶奶人很好，对谁都不会急，我们院儿里谁都喜欢和她聊天。”

“你奶奶真是个幸福的人。”

“也许吧。奶奶喜欢种花，我家门前之前也有个花园。我小的时候，奶奶经常和我在小花园里玩躲猫猫，我藏，奶奶来找我。奶奶总是假装找不到我，有时候，我会摘下花朵，戴在奶奶的头上。你看那一幅，就是我画的奶奶在花园里和我玩游戏的场景。不过现在花园早已长满了野草，不好看了。”我听了这话，一阵揪心的疼。

我一边看着这些画，一边思考：这样的环境，如何让她忘却奶奶？上次的治疗其实只是暂时宣泄了她的思念之情，又会有多少持续的效用？

“能说说你和奶奶的故事吗？”

宛如看了看我，沉默了几分钟后，“我对不起奶奶，有一次我要买巧克力，妈妈不同意。我生气，跑了出去，藏在村子的一个角落里。天很晚了妈妈才发现我，带我回家，奶奶已经把巧克力买回来了……”

我走到宛如的跟前，递上纸巾，不断拍打着她的后背。

出门时，我把涛哥叫到一旁，叮嘱他宛如室内的画要逐步撕去。改变宛如的居住环境，或许能让记忆的影子慢慢褪去。如果还不行，那就带着宛如离开这个让她伤心的地方。

损毁的家园容易重建、身体的疾恙容易恢复，但是压抑在心底那看不见的思念却会延续很长时间。对于宛如，我能做的似乎真的很少。

当心智尚未完全成熟的孩子失去至亲后，痛苦的情绪会在他们的内心形成一种记忆，随着时间的延续而进入“心理障碍休克期”。当在某种条件下，这种记忆突然被激活了，就会引发当事人出现烦躁与焦虑。

如果宛如的奶奶在天上看到自己的孙女这样备受煎熬，会不会很心痛？

情绪是把有能量的宝剑，如果你把握不住它的方向，就会被其所伤。

涛哥说，宛如已患上厌食症。

我知道，我必须看看宛如。有时候，人也特别需要这种毫无道理的坚持。

我轻轻推开了宛如的房门，看到了宛如：她比初次见面的时候更瘦了。

我特意装出很轻松的样子：“宛如，我今天顺路过来看看你。”

“嗯。”

我随意拿起书桌上的一本相册，一眼望去，是宛如和奶奶的合影相册。

“这里的相片好丰富啊。”

宛如紧紧抱在怀里。

“能和我说说这些相片吗？”

“这是我和奶奶的相片。这张是我九岁的时候，奶奶和我在游乐场拍的。”

“这是啥项目啊？”

“旋转木马。”

“咦，这张相片也很漂亮啊，能说说吗？这是在哪儿拍的？”

“哦，那张是奶奶在田里干活的相片，那是个丰收的季节。”

“宛如，你有没有和你奶奶一起完成的手工作品啊？”

宛如摇了摇头。

“那我们今天一起来玩个游戏，好吗？”

“这里有一本百科全书，里面有许多的图片，有食物的，有动物的，有人的，有建筑的，可能这里面也有你所喜欢的，我们一起将它们挑出来，然后把它们剪下来，粘贴在这张白纸上，好吗？”

宛如看着我。

“我想你奶奶也希望你能完成它，我们一起做完，把作品拿给奶奶看，好吗？”

宛如点点头。

经过了一个多小时的剪剪拼拼，我看到了一个充满忧伤的小女孩的作品：她在白纸上贴了自由女神、埃及法老、天坛和故宫。

她剪了一个花匠来代表奶奶，陪伴在奶奶身边的还有一个小女孩，她剪得很小。她还在自己和奶奶之间，放了一座桥。她还特意剪贴了一个花园，很有田园的感觉。

“为什么要粘贴这些建筑呢？”我好奇地问。

“因为我想长大后带奶奶环游世界。奶奶以前和我说过，她很想去环游世界。”

“为什么把自己剪得这么小啊？”

“因为我不想长大，我希望永远像一个小孩子，陪伴着奶奶。”

“那座桥是？”

“我奶奶走了，我想见奶奶。我没办法去见她，只能乘船，希望过了桥，我就能见到奶奶。”

“这个花园？”

“这是我和奶奶的花园，没有人来打扰我们。”说着说着，宛如用双手抚摸着花园，眼泪哗地流了出来。站在一旁的我，也跟着伤心。

这种疏导技术在心理学上属于回忆拼贴技术，在国外使用得比较多。这样做的目的在于帮助宛如整理情绪碎片，即使回忆如此痛苦不堪，也会有意义。

“宛如，你能送我一份礼物吗？”我知道，我只能做到这里。

“嗯，这幅画送给你，杜医师。”

我接过来一看，是那幅她给奶奶画的画像，这对她来说，是很珍贵的。

“谢谢你，宛如。”

我本想做最后一搏，让宛如带着这些作品和画，跟我去她奶奶的坟头，和奶奶做最后的告别。

宛如拒绝了。

出门前，我的心情有些沮丧。我不希望结局是这样的。

“杜医师，你已经尽力了。”涛哥安慰我，拍打着我的肩膀。

我只能选择沉默。

最后，我和涛哥说：“有机会，带她离开这里，也许她会找到新的人生支点。一旦找到了这个支点，她就重生了。”

临出门，我交给涛哥一张纸条，希望她转交给宛如。

曾经，有个女人正为死去的孩子而伤心。她听闻佛祖在附近，就抱着孩子的尸体来到了佛祖面前。她恳求佛祖救救她的孩子。佛祖说："如果你能找到一个从来没有父母、孩子或仆人死亡的家庭要一把芥菜种子，那么我就答应救活你的孩子。"那个女人开始一家一家去要，每一家都答应给她芥菜种子，不过可惜的是每一家都有人死过。那个女人终于明白一个道理：死亡是一个永恒不变的事实。

希望有一天，宛如能明白。

某年的清明节，我翻到微博中几行别离的诗，有几十万条"点赞"：

亲人啊，我想念你们，可是我不哭，我要让你们安心地走，却不回头。

亲人啊，不要为我担忧，我醒来时一样温情的泪水在我的脸庞流，就像你们给我的爱在心头。

亲人啊，你们放心好好地走，我会听你们的话，用智慧的力量拼搏出一幢大楼。

亲人啊，不能再依偎在你的怀中，我不泪流，我要千百倍勇敢自立坚强地活，期盼下辈子能再聚首。

我给老妈打电话，说我特别想吃她做的紫薯粥。

第二天，她大老远就跑来了。

老妈做好了一大碗粥，里面放了我最喜欢吃的小汤果，上面飘着些糖桂花。

我吃了一口，甜。

我妈开心地笑了。

离开的时候，我妈说："累了，你就回家吧。"

Mr.杜de笔记

宛如的故事，令人心酸不已。据调查，失亲的痛苦指数通常较大，由此而造成的压力恢复期也较长，最短的三个月，最长的一辈子也没走出来。杜仁对宛如也算是尽心尽力，不论是采用想象训练的方法让她和奶奶"说话"，还是让她进行回忆拼贴，目的都在于让她宣泄那部分隐藏在内心的巨大能量。因为这股能量，足以吞噬掉她。

处于心理波动较大的青春期少年，学习压力已然很大，如果再遭遇亲人离世或者其他无法承受的压力，必然在短时间有心理崩溃的可能。因此，一旦遇到这类问题，不论是谁，都要引起十二分的重视。

如果遭遇失去亲人的变故，一般人会有几个阶段。一开始是默然，沉默寡言；第二阶段开始否认，不相信事实；第三阶段则是痛苦不已，后悔当初的做法或者后悔没有做出相应的行为；最后才是慢慢从伤痛中恢复过来。当然，这几个阶段也不是固定的，也会根据个体的差异有相应的变化。但无论怎样变化，亲人的鼓励，朋友的关心，自己能对生活重塑信心，找到生命的支点，才是治愈这类问题的最佳药方，

故事八 校园甄嬛传

刚进学校的时候，我们之间的关系真的挺好的。虽然每天做作业做到很晚，但我们会从隔壁班上新进的帅哥，聊到怎样模仿家长在试卷上签字。其他同学都说我们几个人之间的关系不会一直这么好下去的。人都有逆反心，你越说我们关系不好，我们就表现得越好，坚不可摧。

“斩断情丝心犹乱，千头万绪仍纠缠。拱手让江山，低眉恋红颜。祸福轮流转，是劫还是缘。天机算不尽，交织悲与欢。”

这是热播清宫剧《甄嬛传》的歌词！此剧一度红遍大江南北，既有江浙菜系的鲜美之感，也有川菜的麻辣之味，此中的滋味真是极好的。

剧中各宫娘娘或联合，或拆台，演绎了一幕幕惊心动魄。甄嬛的隐忍，华妃的跋扈，皇后的阴险，环环相扣，令人咂舌！

剧中一位权倾一时的娘娘说：“女人多的地方，是非多，耍心眼，掉眼泪，扮笑里说是非。表面上一池静水，底下却暗潮汹涌。”

这样的古代女子假如穿越到现代会如何呢？

“我不想在这个学校读书了，没劲。”一个娇滴滴的女生贞儿在我工作室里哭哭啼啼。她戴着一副黑框眼镜，脸上写满了忧愁和疲惫。

“咋的啦？被男朋友甩啦？”我打趣着。

“什么啊，男朋友？女朋友都快没了，她们谁都不愿理我，我没朋友了。你说我是得罪谁啦，怎么那么倒霉？”

“谁啊？谁不愿意理你？”

“还不是我宿舍的那些女生。我不知道她们怎么了，吃饭的时候，不和我一起，在宿舍也不和我说话。”贞儿哭得更厉害了，眼睛红肿红肿的。

“那你是不是做了什么，让她们感觉不舒服了？凡事有因必有果，总有缘由的，是吧？”

“我真的不知道哪里做错了。我知道我有点儿小脾气，但我也在努力改了啊。我觉得待在这里没有任何意思了，她们太较真了。”她哭声越来越大。

“我能理解你的难处，这对你来说很不妙。现在你很孤独，这种孤立无援的滋味着实痛苦，令你难以承受。”

“可你不是应该说些话来安慰我吗？”

“我先了解一下情况吧。”我微微一笑。

“她们好像不接受我了，见到我就像躲瘟疫一样。我现在都不知道自己为什么被孤立？我为她们做了那么多，换来的却是零。她们联合起来对付我。”

“宫斗戏看多了，是吧？”

“你可真有意思。我们宿舍活脱脱一后宫，一点儿没夸张。不过咱别扯电视，咱也不会演，我只是觉得不快乐。”

“不快乐？我得听听你和她们哪儿犯冲？”

“怎么看起来，你老有点儿看笑话的感觉啊。不过也没事，我们的故事本来也就是个笑话。我不会对你保留的。故事真的很平庸，平庸得像乏味的小说剧本，但比较长，你要有思想准备。不知你是否有这样的耐心。”

“当然，听故事总比一个人喝闷酒要来得痛快吧。我想情节总会比电视剧真实些。”

“除了我之外，我们宿舍还有英华、思楠、罗佳和碧倩。”

“五个人的宿舍还挺好的，我以前也是，说说笑笑，应该很开心。”

“原来我也是这么想的，但当我慢慢和她们接触久了之后，发现她们一点儿也不可爱，完全颠覆了我当初对她们的认知。以前，我对她们还算有好感，现在我可是度日如年，看见她们就抓心挠肝的。”她一边说，一边手势还比画着。

“这样，今天我们就来个釜底抽薪，把你所受的委屈都倾倒出来。我来帮你把把脉。”

我感觉自己这语气像极了混在宫中多年的老太医。

“这……说来话长了。”贞儿的情绪平复了些，开始大倒苦水。她像上了发条，语速像机关枪一样，“刚进学校的时候，我们之间的关系真的挺好的。虽然学习很艰苦，每天做作业到很晚，但一起聊人生聊到深夜，会从隔壁班上新来的帅哥，聊到怎样模仿家长在试卷上签字。其他同学都很嫉妒我们，说我们几个人之间的关系不会一直这么好下去。人都有逆反心，你越说我们关系不好，我们就表现得越好，坚不可摧。”

“在这些人中间，有没有跟你特别要好的闺密？”

“我和罗佳的关系以前非常好。确切说，我和她的爱好有点儿像，我们长得也像。我们都喜欢漫画，喜欢一起看那些玄幻还有穿越类的小说。以前我们每天晚上都要悄悄地谈论小说里的人，猜猜那个人最后结局到底如何。”

“你最欣赏她什么呢？”

“怎么说呢？就是感觉不做作，其他几位感觉也好吧，但没那么真。我也说不好，反正她很清秀，不浮躁，说话慢条斯理的。她就像我的一个影子，始终在我身边，但我又抓不到。”

“那你们之间现在关系如何？”

“我们五个人之间……心……已经不在一起了。”

“这我很好奇。”

“我对罗佳真的不错了。她生病了，我帮她买药，陪她去医院。可是，后来不知道怎的，她对我有了意见。这是我最要好的姐妹，我真的不知道为什么。哦……对了，有一次我去外面买东西，正好钱包忘带了，就折回宿舍，看见罗佳也要出去。我看她神色慌张，而正巧我的钱包又放在宿舍的公共桌上，拉链还拉开了。我点了点里面的钱，好像少了一些。当时我也没多想，就怀疑是她拿的。等她晚上回来后，我就小声地问是不是她拿的，但她死都不肯承认。我俩就为这事吵了起来。其实我心里觉得只要你承认了，我也不会怪你的，你至于这么做吗？后来，罗佳和我的关系就淡了很多，她也不怎么和我说话了。罗佳原本就是个十分敏感的人，我现在想想也有点儿后悔。”

“故事不过是刚开始吧？”我再次打趣。

“我就知道你在听故事，对，这只是开始。”

“哦，你继续。”

“在我们五个人里，我最恨的是英华，还有那个讨厌鬼——思楠，这两个人心眼儿最坏。她们俩成绩都还不错，但是人品实在太坏了。你可能不了解，我在我们班还是很受欢迎的。我们班里有个个头高大的班长，班长对我很好，有时还会主动和我说几句话。其实这也没什么，男生喜欢找女生聊天也没错吧。我估计英华和思楠开始不平衡了，到处说我坏话，说我还和哪个男生关系很暧昧。我知道，她们也喜欢班长，我早就看出来了。这两个人整天只知道搬弄是非。我好几次都听说她们在背后嚼舌根，说我的坏话，你说恶劣不恶劣？当面笑脸，背后插刀，这种阴险的人真可怕，太虚伪了，看着就假。”她说这些话，气都不喘一口。

“说得好像你和她们水火不容啊。”

“对，我打心眼儿里瞧不起她们。”

“那后来呢？”

“反正，我看这两人很不爽。对了，我们宿舍还有一个人，碧倩，她人还不错，就是没主见，表面上什么都无所谓似的。原来我和她们闹矛盾，她还不说什么。但现在，她开始投靠‘敌人’的阵营了。我不知道她们背后对碧倩说了我什么坏话，把她也拉过去了。原来我和罗佳是同一阵营的，但经过钱包的事以后，我们的关系就崩了。不过有一点，罗佳没有进入‘敌方’阵营，不然我就真要卷铺盖回家了。英华和思楠背后也说了罗佳不少的坏话，可罗佳不信。”

“怎么我听着，都是些小女生钩心斗角的把戏啊。”

“我和你说件事，你都想不到。有一次，我因为复习太累，有点儿咳嗽，就去买了一袋梨放在桌上。后来等我回来，你猜怎么着？那袋梨只剩下一个了。思楠一边问我‘哎呀，只剩下一个了，你还吃吗？’一边还笑，真是太令人气愤了！我不是心疼那梨，吃了也没关系，关键问题是她们太不尊重我了，吃我买的梨总要问我一下啊。当时我整个人就不好了。”

话匣一开，故事自然来。她们在上演穿越版的“后宫甄嬛传”，只不过紫禁城变成了校园宿舍。思楠和英华这两位女生，联手对付贞儿，这是争斗的主线。碧倩，依附于思楠和英华，明哲保身，不露痕迹。原来罗佳和贞儿密不可分，但她们现在的关系也不怎么牢靠。按照贞儿的说法，其他的四个人现在和她的关系都不太好，这才令她万分抓狂。

这究竟是不是事实？贞儿自身是不是也存在问题？真相是否如贞儿所说的那般？英华和思楠为什么要“毒舌”般攻击贞儿？罗佳和贞儿关系破裂，仅仅是因为钱包事件？还有更深的原因吗？这些疑点必须解开，才能帮助她重获友情。

“我理解你的郁闷，可这个局面你应该早有预料。”

“为什么？为什么？为什么？我想知道我对她们的真心，为什么只换来怨恨？”

“讲完了？”

“对，讲完了。”

“在今天的会谈结束之前，我想送你一句话，你回去好好想想。真心也好，假意也罢，不要在意表面，而是在乎内心的感受。你们最好都能卸下面具，对彼此表白。”

我提议下次邀请她宿舍的其他几位“小主”一起来。

我掏出新买的手机，擦拭着它的机身，生怕磕着碰着。新手机一旦摔坏或破损，我肯定会心疼的。可一旦过了一段时间，便没什么感觉了，即使摔出几米远，也只是擦一下直接放回兜里。

我并不了解现在的女生究竟会有多少同理心，我只知道她们很务实。如果换作是我，我该如何和她们沟通？

当五位“小主”齐刷刷出现在我面前时，我通过之前贞儿的描述，大概能对眼前这几个女生做出一个基本的判断了。我简单向她们说了一下问题，她们一听，激动地纷纷向我“表白”。

工作室炸开了锅。几位“小主”唇枪舌剑，一出“宫斗好戏”即将上演。

“我是思楠。这么说吧，我们宿舍几个人，都比较傲，彼此之间好像谁也不服谁，缺乏交流，感觉有点儿冷，但我不知道为什么贞儿说得这么严重。贞儿，你说有这么严重吗？你这人最大的问题就是过于敏感，我们一个表情或者一句话，你都会记在心里。你说我们不理你，这是良心话吗？对！我承认，有时候我们是不和你说话，那是因为我们实在受不了了，你知道吗？你太难沟通了。顺着你的意思，你就和我们聊得很好。逆着你的意思，你就数落我们的不是。你总是不为别人着想，说话飙高音，跟我们说话，一点儿也不客气，说这个说那个，一点儿也不知道收敛。”

“我说话嗓门大？那也比不了你们在背后说我坏话！至少我很真实，我说的是实话，你们却在背后玩阴的。多少次了，别以为我不知道，你们在背后说了我多少难听的话。你承不承认？”

“说你坏话？我说了？你们可以证明，那不是坏话，是说出你的问题，你自己不听。所有宿舍里的人都可以作证，你这个人自私刻薄是出了名的。”

“我自私？我哪里自私了？你让碧倩说。我不想听你说的。”

“碧倩，别怕，有什么说什么，她不敢对你怎样的。”

“还是不要说了吧，怪难为情的。”碧倩一脸为难的样子。

“有什么难为情的，你看贞儿怎么圆过去？”

“其实吧，我是真的不想说。我们的关系真的挺糟糕的。思楠和贞儿爆发过多次战争，有时候我们也劝不住，谁都能说出个道理，事后都气呼呼的。思楠有点儿咋呼，贞儿也不退让。但贞儿有一点我们都受不了，早起晚归，拿东西也不注意轻点儿。你说你自习下得晚，我们也不好说啥，你还把房间的灯都打开了，你开一盏不就行了。你这样我们每天都睡不好，见到你就心烦。还有，你总不参加宿舍的大扫除，说什么你粉尘过敏。那你不扫地，擦擦桌子椅子总可以吧，可你还是不参与。你每次都偷懒，我们心里难免有气。你也不怎么参与我们讨论的话题，总拿身体太累说事儿。”

“碧倩，你也跟着她们说我了，真是跟什么人像什么，近墨者黑，你和以前完全不一样了。”看到最中立的碧倩都站到了思楠和英华那一边，贞儿特别恼火。

“你说什么就是什么吧，我该说的都说了。”

“你现在也学会见风使舵了，我最看不惯你这样。”

“那你喜欢怎样，总说你的好吗？那你拿出好的样子来啊。”一向温顺的碧倩都有点儿生气了。

“好的样子？你们这样对我，我能有什么好的样子吗？”

“罗佳，你跟贞儿以前关系不是很好吗？你俩兴趣爱好不都很相似吗？”

我看得出，罗佳很冷静，不是那种轻易被别人牵着鼻子走的人，所以我很想听听她的想法。

“我不想掺和，她们之间的事情，自有她们的道理。”

“罗佳，你也不愿意帮我？你还是我最好的闺密吗？你忘了，当你不开心的时候，谁翘课陪你聊天？你生病的时候，谁陪你去医院打点滴？”

“我没忘，只是我不想掺和。”

“你其他就别说了，就说她们有没有在背后煽风点火，添油加醋吧，你摸着自己的良心说。”

“如果我说没有，你信吗？”

“不，我要听你说，亲口说，你说啊。”

“她们只是说了你的一些问题，没有说你的坏话。”

“那也就是说了。”

“你自己做的那些破事，自己清楚。”思楠咆哮了。

“杜医师，你看看，她们就喜欢指鹿为马，颠倒黑白。”

“罗佳，那个钱包的事，你和我说说。”

“这事我不想做过多的解释，就像刚才我说的，清者自清。贞儿，你要是认定是我偷的，那我在你眼里就是小偷。不过我还是想告诉你，如果我偷了你的钱，我出门被车撞死。”

“呸呸呸，罗佳，干吗发这么重的誓，何必呢？”思腩说道。

“我信你，罗佳，我相信不是你干的。但你现在也帮她们说话。刚来学校的时候，我跟你还挺好的，其他人都知道我俩最要好。但为什么你后来不理我了？就因为上次我说了你？我不是已经向你道歉了吗？”

“你太敏感了，我只是随意说说。其实，你当时冤枉我偷了你的钱，我很伤心。但事情既然已经过去，就没必要再拿出来说。”

“那你为什么总跟她们在一起，为什么不跟我在一起？”

“你不要老是她们我们的，你自己无形中就把宿舍分成了两拨人，这样好吗？”

贞儿无言以对了。

在几位“小主”的争辩中，我一直没有发话。因为我知道，她们好久没有这样开诚布公地将自己的心里话说出来了。

感谢她们能来，感谢她们能说出这些话。我相信，如果给她们更多的时间，她们一定还会说出更多憋在心里的话。

女生之间的矛盾，如滔滔江水，绵延不绝。

显然，聪明的我已经有主意了。

我让贞儿单独留下，其余的人暂时在隔壁的音乐诊疗室小坐片刻。

我拿出了各种颜色的布料，让她选择一种布料，让她表达出自己被孤立的感觉。

她想了想，选择了一块咖啡色的布料。然后，她竟然蹲在了地板上。

“你为什么选这一种？”

“我想让别人看不见我，我想让自己消失。”

“为什么想消失呢？你看看你周围，她们并没有完全针对你啊。”

“她们都看不起我。”

“你这样蹲着，是不想站起来？”

“我站不起来，站起来我就暴露在人前了。”

“放心，有我在，没人会伤害你。”

在我的鼓励下，贞儿缓缓起身，她可能真的被刚才那些话伤到了。

接下来，我请她的几位室友进来，和她们交流了一下我的想法。我想请她们用心理剧表演的方法来解决这些个性冲突的沟通问题。

“啥是心理剧啊？”她们很好奇。

“简单地说，心理剧就是表演你们生活中的情境，达到情绪宣泄、消除精神压力的目的，同时还能增强自己适应环境的能力和克服危机的能力。怎么样，想不想尝试一下，各位小主？”

“好。”思楠和贞儿几乎异口同声。

“这一点你们倒心意相通了。”

思楠和贞儿互相看了对方一眼。

经过商量，她们决定将“吃梨”和“关灯”两件事作为剧本的内容，由主人公贞儿和她的四位室友一同出演。

贞儿因为期中考试，天天复习得很晚，一个劲儿地咳嗽。她从市场里买了一袋梨，回到宿舍后，就将梨放在了公共桌上。她希望吃些梨，帮助自己治好咳嗽。这样，自己也好过些，大家晚上休息也能够更安静。可是，当贞儿下了晚自习回来以后，室友思楠告诉她："快来，今天不知道谁买来了梨，只剩下最后一个了，你有运气，你吃。"贞儿一听到这话，再看看桌上的水果皮和剩下的一个梨，一脸的愤怒。（演出到这里暂停）。

我询问大家："如果你是贞儿，你的心情会怎样？"

"糟糕透了，太不像话了，至少该问下是谁买的。"罗佳第一个说话。

"我也这么认为，反正我也会不开心。"碧倩也应和着。

我继续问大家："如果你是贞儿，这时候你该怎么办？"

思楠："我真不知道原来这个梨是她买的。不过如果是我，我不会放在心上，大家吃了就吃了呗，不过是一袋梨嘛，吃完可以再买啊。"

贞儿不悦地扫了思楠一眼。

碧倩："这确实让人挺不舒服的。如果我是她，也会感觉不爽，毕竟是自己买的，你们都没问过我的意见，还问我要不要吃最后一个，关键是这种感觉很糟糕。"

英华："如果我是她，我会委婉地提出来，不会憋在心里，这样对自己不好。"

"看来大伙儿都觉得如果自己是当事人会憋屈。那我们请英华同学，演一下憋屈或者将心事闷在心里的感觉。”

剧本继续进行。英华走进宿舍，沉着脸，不说一句话，和谁也不打招呼，将手里的书往桌上一扔，倒在床上，把窗帘放下来，挡得严严实实的。

在英华的表演过程中，其他几位都观察得特别仔细。贞儿的脸有点发红，我猜想大概这就是她平时的状态吧。我希望，她们能从表演中，看到平时见不到的自己。

英华的演出结束后，贞儿发言：“有那么夸张吗？”

我进一步启发：“如果这时你受了委屈，怎么说出来会比较好？”

罗佳：“委婉些会好点儿，比如说开个玩笑，幽默点儿。”

思楠：“也不用这么婉转，可以直接说‘你们都吃啦，这是我买的。’大家都是年轻人，不会计较这么多。”

“你们是不是可以结合刚才自己说的，重新演一下这幕剧？”

新剧本马上演绎，她们的领悟能力真的很强。

贞儿回到宿舍，看到梨都被吃了，很难过。思楠说：“这梨不知道谁买的，你吃吗？最后一个了。”贞儿接过梨，“这梨是我买的，这两天老咳嗽，买些梨吃，希望能早点儿好。”罗佳：“不好意思，我们都吃光了，我们真不知道是你买的，别介意啦。”思楠：“对不起。”贞儿：“没事，待会儿我再去买一袋。”英华：“别买了，你身体不好。待会儿，我要去超市，顺便再买一袋，反正我们大家都要吃，你多吃点儿。秋天到了，吃梨对身体好。”贞儿：“那就谢啦。”英华：“本来就是我们的问题，谢啥呢。”

思楠和贞儿都面带着羞涩。这种羞涩，包含着宽容，孕育着尊重。

第一幕演出就这样结束了。

贞儿悄悄告诉我，这是大家第一次开诚布公地会谈。

下个周末，她们又一块儿来了。从她们的表情上看，都很轻松，说说笑笑。不过，贞儿和英华，说实话还有点儿小疙瘩。按照事前约定的，今天模拟的是“关灯”事件。

五个同学住同一间宿舍。四位同学在经过一天的学习之后，非常疲劳，就先睡觉了，独缺贞儿。晚上十一点，脸色发白的贞儿回来了，一瘸一拐，开门声虽然不重，但她一进门一口气就开了四盏灯。英华被吵醒了，“我说，你怎么回事啊，回来就回来了，干吗开这么多盏灯，烦不烦？”罗佳也醒了，“天啊，这是早晨吗？”英华更是不客气，“你太自私了，你为什么不考虑一下我们的感受？”贞儿不知道说什么，羞红了脸，直接跑进了卫生间。

我询问了一下对声音最敏感的罗佳：“感觉如何？”

罗佳：“很烦，但是现在想想，她也不容易，一个人复习到这么晚，她身体还不是太好。”

“你呢，碧倩？”

“其实，她如果只开一盏灯的话，就会好很多，我们也不至于让她摸黑进来吧。还有，说句公道话，贞儿她进来的时候，开门的声音还算轻的，她会很小心地带上门。想想我们有时说话的态度也太咄咄逼人了。”

贞儿的脸又红了，她没想到自己的行为给室友带来了这么多麻烦。

时机成熟，我让贞儿立刻说出自己的想法。

贞儿吐了吐舌头：“对不起，我不知道我给大家添了这么多麻烦，真是不好意思。”

“我们也有不对，很多时候我们也没理解你。”罗佳马上抢话。

英华和思楠都沉默了。

“同学们，每个人由于生活习惯和性格的差异，总会有些行为让大家不理解。但至少，大家都没有恶意。你们表演得很认真，很精彩，我要为你们每个人的表演鼓掌。”

五个人齐刷刷地鼓起掌来。

这是一次很简单的心理剧尝试。随着剧情的深入，不论是观众还是表演者本身，都可以释放自己的情绪，明白自己的不足，让自己变得更加完美。

心理剧表演结束后，我把贞儿再次单独留下来。我请她来完成一个游戏。

“这个游戏，很有意思，对你也很有帮助，可以帮助你从不同的角度来看待你和室友之间的关系，尝试一下？”

“行。”看样子，经过心理剧表演后，她的状态有了极大的改善。

我在工作室里摆放了三把椅子。

“现在，我请你站到第一把椅子后面，双手交叉放在胸前，两腿一前一后自然站立，把身体重心放在后面的腿上，就像你在路边看风景一样。”

等贞儿站好后，我开始了：“请想象一下，你现在已经不是你自己了，而是变成了一个和你没有任何关系的一个人，比如说大街上一个素不相识的人。你能想象吗？”

“可以的。”

“假如，你走在大街上，遇到这么一个人，愁眉苦脸，你不禁问她‘姑娘，你为什么不高兴？’她告诉你：‘因为我们宿舍有个人很讨厌，不考虑别人的感受，大家都讨厌她。’假如你是这个路人，你会对她说什么？”

“肯定会说‘这有什么的。学校里、社会上，这种人到处都有，这很奇怪吗？你不能指望谁都迁就你。’”

“你自己听了这些话，有啥感受？”

“这种人确实挺常见的。不过今天我能自己说出来，感觉还是不一样。”

“现在请你站到第二把椅子后面，站成立正的姿势。身子不要动，摆动你的头，往左看，一直往左，直到头无法转动为止，然后慢慢把头往右转，直到不能右转为止。慢慢地重复这些动作。”

贞儿正在按照我的话做着。

“现在想象下，你是一个摄像头，这个摄像头记录了你和英华从认识到现在的点点滴滴。从你们认识到现在，如果这期间所有的事情都被这台摄像机记录下来，你印象中最深刻的两个画面是什么？”

她一边扶着椅子的靠背，一边回忆，“印象最深的就是……第一个画面是我们刚到宿舍的时候，她帮我搬过很重的行李，那天我父母刚好没来。还有一个画面是有一次集体舞比赛，我们一起排练，很辛苦，最后还得了奖，那次还挺开心的。”

“虽然你和英华现在关系很紧张，但你还是记得你们之间曾经一起经历的那些愉快的回忆。听完这些，你感觉又怎样？”

“我不知道，有点儿小小的激动，可能……英华也……也没有我想象的那么坏。”

“现在请你继续扮演摄像头的角色，如果这个摄像头继续追踪你们接下来两年的时光，你最希望摄像头中出现哪些画面呢？”

“我希望我们还能一起吃饭，还有晚上一起说笑话。”

“现在，在你的对面还有一把椅子，什么宿舍，同学，矛盾，都暂时消失了。现在你有机会请一位你信任的人来坐在这把椅子上，你会选择请谁来？”

“我想请我们的班主任。”

“不错哦，老师对你的评价一定很客观。现在试想一下，如果你的班主任坐在了这把椅子上，当她听完了你的故事后，依照她的个性，她会对你说什么？”

“她一定会对我说‘贞儿啊，多大点儿事啊，不要太计较了，哪有完美的人啊’。”

“还有吗？”

“还有就是批评点醒我吧。”

“如果班主任真的跟你说了这些话，你有什么感受？”

“她真来了，我都不好意思了。”

“其实，三把椅子分别代表了旁观者、时光摄像头和权威者。你现在听你自己说完了这些以后，你还有什么疑惑吗？”

“这个游戏挺神奇的，我咋啥实话都往外说呢？”

“不是游戏神奇，而是你的心态已经发生了变化。解决问题的答案一直在你的心里，我只是用这个方法让你说出来而已。你的真诚也很让我感动。”

能在一起相处，本身就是缘分。

且行且珍惜。

友情就像一场烟花。它绽放的瞬间，充满了勇气的灼热和即将幻灭前的绚烂。烟花幻灭了，我们也该回家了。但我们也庆幸，至少故事曾经发生过。

真正的朋友，或许不能索要太多。只要看到对方快乐，你也能快乐。

前两天避雨，我跑进一间破落的小教堂，发现入口处摆放着一本已经蜡黄的祝祷本，短短几页。其中的一行文字让我动容：

上帝啊，让我活得单纯点儿。

上帝笑了。

或许你越单纯，你的眼神就越温柔。

如果聪明和单纯不可兼得，我选择后者。

Mr.杜de笔记

贞儿的故事，相信会让许多人产生共鸣。不仅在宿舍，在社会的任何一个角落，都会存在人与人之间的矛盾。而这些矛盾的起源，就在于人个性之间的冲突与处事方式的差异。此外，缺乏有效的沟通也是造成人际关系紧张的一大原因。人际关系的冲突会引起当事人紧张、失望、孤独等情绪，严重的会导致他们不安郁闷，甚至产生报复行为。

在故事中，杜仁通过几位当事人表演心理剧的方式，将她们的矛盾彻底暴露出来，让她们重新审视自己与对方的关系，反思自己的行为是否得体，最终取得了较好的效果。杜仁还通过引导，让贞儿从旁观者、时光摄像头和权威者等三个角度看待自己，全面地认识到自己的问题。

如果你的朋友正在遭受人际关系的困扰，可以采用以下的方法来引导。首先，营造一个相对自由的空间，让当事人各抒己见，避免矛盾再升级。同时，加强个性修炼，提高自己与他人交往与说话的艺术。当然，每一次的人际冲突都是正确认识自己与他人的机会，只要把握好，从经历中吸取经验，也许坏事就变成了好事。

故事九　为什么我没上清华

我最喜欢数学，它让我很兴奋，能极大地触动我的神经。我特别喜欢数学中的立体几何，我很在行。我想我的学习应该是充满乐趣，又充满挑战的，我觉得既有趣又有难度的学习才是真正的学习。

凌晨3点，我上了一辆出租车。

我喜欢和每一位司机聊天。因为他们，已阅人无数。

他告诉我，他曾因轻信别人而吸毒，现在为了重新做人，戒了，但是始终无法再相信任何人。

我和他说："尝试读懂别人的呼吸，你会发现一片不一样的天空。"

他拒收了我的车费。

冬天的早晨，人总是懒洋洋的。最近，我又不幸中招感冒，头昏昏沉沉的。不过今天有预约，我还是强打精神，走向了办公室。

助理轻声和我说，访客已经到了。我深吸一口气，推开了门。

里面坐着的，是一对夫妻和一个男孩。我先对他们做了自我介绍，然后请他们开始说明事情的来龙去脉。

“杜医师，这是我侄儿，最近情绪很低落，他父母很忙，没时间陪他来。这不，我们夫妻俩陪他来了。”

“我这个侄儿，什么都好，人也乖，但是这次高考考差了，好像发挥得不是很理想，心情有点儿郁闷。是吧，阿辉？”

那个男孩子倒是很安静地聆听我们的对话。

“你们知道具体的状况吗？”

“听我阿嫂提过，阿辉高中的成绩一直很优秀。每次和我们聚餐的时候，阿嫂都会提，他这次考试又得全年级前3名什么的，我们都很开心。”

“学霸啊。”

对面的叔叔婶婶都勉强笑出了声，但阿辉看起来却兴致不高。

“是不是考试的时候太紧张了啊？”我企图问问阿辉，但阿辉还是不愿意交流，

还是姑姑抢过了话，“听阿嫂说，其实高三的前几次摸底考试他都考得很好。他的班主任也明确表态，以他的状态，可以冲清华北大。但是考试这事儿，谁说得准啊！”

“那他现在考到了哪个大学？”我很好奇。

“浙江大学。”

“浙大？那他也非常棒了。”

“对啊，我们几个亲戚也觉得他考得很好，但他自己想不开，你看看他，对我们周围关心他的人爱搭不理的。”

“你们是怎么想的，包括阿辉父母怎么想的，你们有过沟通吗？”

“我们都安慰他，可是他不听。”

我转向同样不太说话的阿辉的叔叔，“你好，我看您也一直没说话，你觉得阿辉这次考得咋样？你个人对阿辉的前途有什么样的期待？”

“按我的意思吧，清华也好，浙大也罢，都是好的学校，考上哪个都挺好的。退一万步讲，就是考得再差一点，也没关系的，快乐最要紧。”

叔叔的话真的非常实在。

“阿辉这孩子，心眼太重，对自己的要求很高，独立性很强。别的孩子都要父母操心，但这孩子几乎没让我弟弟弟媳操过心。”

阿辉瞥了叔叔一眼，抿着嘴唇。

“我了解了大致的情况，这样吧，请您和阿姨先出去，我和阿辉单独聊会儿，请放心。”

在我看来，阿辉是一个很老实的孩子。

“你好，小伙子，我看你刚才没怎么说话。”

“是的。我本来话就不多，还有……我也不知道说什么。”

“我也觉得你情绪很低落，不就是没考上清华大学吗？”

“哎！”阿辉深深地叹了口气。

“小伙子，年纪轻轻的，要阳光点儿啊，怎么这么伤感？”

“我不知道，就是觉得没意思。”

“说说这次高考吧。”

“我感觉不怎么样，反正没考好。”

“没考好？是太紧张了还是没准备好？”

“说不好，都有吧。”

“看来这件事的确影响到了你。”

“是的。”

“你心里怎么评价考试的，比如刚过去的让你不愉快的高考？”

“类似于古代的科举制度吧。”

“科举制度？”

“不是吗？我看过许多科举考试的纪录片，高考跟科举考试就是大同小异啊。”

“哦，说说看。”

“就是选拔人才啊，竞争激烈啊，所有人都铆足了劲儿往前冲，都热血沸腾了。”

“呵呵，那你现在还有热血沸腾的感觉了吗？”

“现在？没了，心凉了。”

“这个词很负能量啊，就因为没考进心目中理想的学校？”

“是的，就是不爽，不舒服。”

“说说你理想中的大学吧，清华？北大？”

“清华，我应该可以考上的。”

我使劲地点了点头。

“那你觉得清华最吸引你的地方是什么？”

“那种浓厚的学术研究氛围很吸引我。我在网上关注它很久了，我小时候就去过清华大学，清华的校园好美。”

“学术氛围浓厚，不错！”

“你觉得没能考进清华，遗憾吗？”

“肯定遗憾啊。关键是我没发挥好，那几天身体也不太舒服。”

“根据我的经验，我猜是你的临考状态应该没有达到最佳。”

“考试前我想得太多，一直想考得不好怎么办，考不上清华怎么办，越想越心急，越想越心慌，结果理科综合考试考出了历史最低分。”

“太可惜了，你应该考前就来找我聊聊的！”我向他打趣道。

阿辉皮笑肉不笑。

“假如有人和你抱怨‘我平时学习很优秀，但就是高考那天生病了，没考好，觉得自己特别不能接受’，你会和他说什么呢？”

他嘴角一动：“说明你和这个学校不投缘。”

我示意了一个“OK”的手势。

“道理你都懂，可你有时还是很在乎一些事情的。”我把这个话题抛给了他。

“也许是吧，我不太开心。”

“面对如此巨大的压力，你没有发挥出正常水平，你觉得问题可能在哪儿？”

“可能他们刚好复习的都考到了吧。”

“这也许是个原因，还有吗？”

“他们综合素质比我好吧。”

“能解释一下吗？在这里，综合素质指的是哪些？”

“承受压力的能力，身体及心理素质。”

“好，你谈到了一个很核心的词——综合素质。”

“嗯。”

“综合素质的好坏的确能影响当时的发挥。那么，你觉得你和他们相比，综合素质哪一块比较弱？”

“应该是心理素质吧。”

“恭喜你，又抓到了一个很要紧的词儿——心理素质。6月的高考，让人喘不过气来，各位考生的精神压力都会很大，这时，心理素质就显得尤为重要了。不过，你现在意识到这个问题还不晚，心理素质的培养是一生的，以后大学的学习，包括就业，你面临的压力会更大。”

关于如何提升心理素质，我并不想在这个时候对阿辉多说，因为这是一个非常系统的问题。一个人会根据环境的变化，调整对目标的期望值，进而调整自己的行动方案，相信每个人都会有这样的能力。

阿辉是个聪明人，自然也具备这样的能力。

我话锋一转，“对了，你高三复习的时候，主要是听老师讲的，还是你自己用熟悉的适合自己的方式复习？”

“大多数是听老师的。”

“好。你觉得你在听老师讲课的时候，那些知识点，你都掌握了吗？”

“啥意思，应该……都掌握了，差不多吧。”

“差不多？再想想，是不是都掌握了？”

“没有。有些特别难的物理题可能不会，我也懒得去搞定了。”

“也就是说你本身知识上是存在漏洞的？”

“可以这么说吧。”

“有些题目，你可以凭借经验，马上得出答案，但有些题目不行，它需要你应用所学知识，将许多细小的知识串联起来，进行加工组合，最后再应用到题目中，得到问题的答案，是吗？”

“哇，你好懂啊。”

“那是。”一向谦逊的我此时得意起来了。

“很多题目，你考试时感到没把握，一方面你是紧张，想得太过于复杂，还有呢……”

他挠了挠头，“我明白你的意思了，你是在说我本身知识方面也有问题，还没有做到完全应用自如。”

“也对也不对。其实，很多题目看似你会做，但你并不理解其中的道理，只是很机械地去做。一旦问题变得复杂了，你就慌了。”

“噢……这么说，还是我学习不够踏实的缘故？”

“往往，我们都会有些错觉，感觉我们应该能完成任务。但真正遇到困难了，反而没了章法，不是我们没有信心和勇气，而是缺少解决问题的多种应变手段。”

“嘿嘿，你说得对，不过我也不至于只考个浙大吧？这个结果比我的预期差好多。”

“咋了？看不起浙大啊？”

“没，不是这个意思。”

“看来你的情绪好点儿了。”我不断鼓励着阿辉。

“你刚才说得太对了，我要早点儿找你聊啊，说不定现在我就在清华读书了。”

“你对今后的大学生活有什么憧憬吗，阿辉？”

“憧憬，没想过啊，昨天我还郁闷着呢。”

“那现在呢？想想。”

“我理想中的大学生活应该是很多姿多彩的，我要好好学习，抓紧一切时间去学习新的知识。”

“这么努力啊。”

“当然，我觉得我高中还是错过了许多提升自己能力的机会，到大学后我要撸起袖子好好学。”

“你会每天泡在图书馆里吗？”

“不至于吧，业余生活还是要的。”

看着阿辉的眼神渐渐有了神，我悬着的心也开始放下了。毕竟对于他这类自觉发挥失常的孩子来说，激起他们对新学习生活的期待才是最迫切的。

“我觉得，做学问就要严谨。”

“严谨？”

“对，我的意思就是我要系统地学习知识，然后不懂的就去查，争取在所学的专业上有所突破。”

“哇，阿辉，你太牛了，想不到你对学习的认识这么深刻。如果每个学生都像你这么想的话，大学里岂不是早就精英遍地？”

“我还很不够，很不够。”

阿辉的内心其实特别简单，像清水一般。

我突然意识到这样的孩子，只要调整好心态，修炼好自己的性格，难保以后不会是诺贝尔奖的获得者。

或许有人会质疑，话说过了吧？可能有些，但我此时想表达的，更是一种信念，一种情绪和一种思考。

现如今，像阿辉这样，正儿八经想要做学问的人真是凤毛麟角了。

“阿辉，看样子你对自己的要求非常高，那你期待中的学习状态是怎样的？”

“忘我的状态吧。我最喜欢数学，它让我很兴奋，能触动我的神经，我特别喜欢数学中的立体几何，我很在行。我想我的学习应该是充满乐趣，又充满挑战的，我觉得既有趣又有难度的学习才是真正的学习。”

“照你所说，这就是一种比较完美的学习状态了。”

“但有时候，做起来并不容易，也会遇到很多困难。”

“这点我同意。不过我有种强烈的预感，你一定会在所学的专业上有所建树。”

“这你也能看出来？”

“当然了。对于这次考试，对于大学的新学习，我想你心中已经有数了。”

“跟你聊会儿天，我对将来的学习规划清楚多了，心情也好多了，你比我想象的厉害多了，感觉你有双X光眼，看人很准。”

“这是夸我，还是骂我呢，臭小子？”

“当然是夸啦！说真的，一开始进来的时候，我压根儿对你没抱啥希望。”

“我能留个你的联系方式吗，万一以后我在大学里有啥心事，还可以来找你聊。”

“待会儿给你张名片吧。阿辉，留有遗憾的美是才是真正的美，充满考验的人生才是完美的。生命就是如此，精彩不断。祝你在以后的学习生活中，越来越好。”

阿辉站了起来，向我深深地鞠了一躬。

我曾独自去过西藏。

在那里，我缺氧过，高烧过，歇斯底里地嚎叫过，甚至一度快要死了。

可我享受这样的经历，因为它让我对世界有了新的认识和看法。

挫折的意义大抵如此。

Mr.杜de笔记

阿辉的问题其实在青春期的孩子中特别常见。对于纷繁复杂的考试，孩子往往深陷其中，无所适从。考得好，家长给压力，自己也给压力，考得差就不用说了，压力比山大。考试发挥得不理想，有些孩子觉得是运气的问题，有些觉得是自己不够努力，还有些觉得是知识的漏洞。

真正让孩子郁闷的，不是发挥的问题，而是发挥不佳所带来的后果。因此，帮助他们梳理情绪，搞清考试成绩不理想的原因，这才是最主要的。阿辉的问题看起来是一个考试情绪的问题，其实也是一个性格的修炼，如何看待自己的问题。

如果你身边有朋友考试不如意，请告诉他不要慌张，要淡定。首先，让他合理地将情绪发泄出来。然后，帮助他找到问题的核心，找到考试不理想的真正原因。另外，主观上的鼓励和客观的分析一样不可或缺，情感上的赞许是治愈一切心理问题的良药。最后，请记住：考试不是一切，考试只是一个过程，一个能够检验你是否坚强自信的过程。

故事十 冰山下的暗礁

人都有双面性。原谅别人，才能正视自己。我们看见的冰山一角是害怕失眠，而看不见的暗礁却是深深的压力。

有一次我应邀去某社区给那里的家长做讲座。讲座休息期间，有一位孩子母亲向我要联系方式。我当时也没怎么在意，我想她必定有什么困惑，不是自己的，就是孩子的，说不定哪天我真的能帮助到她。

不久后的一天午后，我在工作室独自悠闲，吃着一块新鲜的黑森林蛋糕。夏日午后，我并不是那么精神抖擞，人也乏了懒了，这可不是什么好现象。

电脑、手机等通信工具反而让人变得麻木，人与人之间的心理距离似乎因此也拉得更远了，也许应该回归书本了。

我想步行去市区的图书馆借阅一本书。每当内心百无聊赖或心情郁闷烦躁时，我都会选择翻阅一些书籍，让自己慢慢冷静下来。效果还真不错。

书籍，就是有这种神奇的魔力。

我正准备出发，忽然电话铃响了起来。

“杜医师吗？我上次听过您的讲座。我家孩子最近不太好，我想带他过来，您今天有空吗？晚上可以吗？要不七点，可以吗？”

电话那头的母亲迫不及待的口吻，显然事情的发展情况已经超出了她的容忍限度。

看来，今天需要牺牲一下私人时间了，好在下午也是“偷得浮生半日闲”。

一对母子如约来了，他们就像是一个模子里印出来的。

母亲乍一看很有气质，穿着考究，应该是有身份的人。儿子一脸稚气，乖乖地跟在身旁，脸颊上长着几颗青春痘。

“麻烦您了，杜医师。上次听了您的讲座，我很受启发。这孩子很快就要中考了，但是最近睡眠很不好，您看怎么办吧？”母亲没有客套，三句话就直入主题。

“哦，这样啊。那您能再详细说一下吗？尽量不要有所保留。”我想还是让她先吐为快吧。

“行，我们会的，要不也不会这么着急赶来了。他今年升初三，在学校寄宿。最近他老是上课精神不集中，有气无力想睡觉，我怀疑他可能失眠了。如果真是这样休息不好，白天怎么会有精神学习呢？你说这得多难受啊？我在大药店里给他买了很多补脑和有助睡眠的保健品，比如氨基酸、维生素之类的营养补充剂，可是效果好像不太明显。打小他就不是太开朗，有事也不太和我们讲，现在成绩更是下降得厉害，愁死我了，我也不知道该怎么办。上次偶然听了您的讲座，您也谈到了一些关于学生心理的问题。本想和您聊聊，不过看您走得急，像是有急事，就没有再打扰。”

另一边，孩子低头不语，时而想说话但却欲言又止，偶尔看看妈妈，看得出来他很想表达。于是，我决定还是先了解一下这个孩子。

“多谢您的信任，您贵姓啊？孩子叫什么名字？”

“我姓张，他叫王超树。”

我把小树带到沙盘游戏室，看他摆了一会儿沙具，感觉他很细致，甚至有点儿过于追求完美。他摆放每个沙具都小心翼翼，动作也有些不协调，总感觉有个严格的框框在限制着他。

我留下他一个人玩，回过来继续听张女士的陈述。

“我不知道他究竟是怎么了，这段时间话也少了，成绩也差了。他说在学校里睡不好，那我索性就让他回家住两天，但是在家他也睡不好。我也问过他要好的同学，也不知道是怎么回事，只知道他白天精神不是很好，老爱打瞌睡。他爸爸性子也暴躁，吼也吼过，就是没辙。”

“那我想问你们，是更重视他的学业成绩呢？还是他的健康成长呢？”

“眼前当然是他的身体了，只是下学期还要中考，成绩也不能不重视。”

“似乎你说的都围绕失眠，孩子只是睡不好吗？还是有其他的问题？”在我看来，孩子睡不好都有其他的问题包含在内，只不过有时候很难察觉。

“其他问题？什么意思？”

“比如说和寝室的孩子闹矛盾、学习成绩不理想、孩子不自信等。”

“这个我也不是很清楚，他也没和我们说过，这孩子很内向的。”

“其实孩子的现状，你也是一知半解，对吧？”

“是的，我也搞不清楚他到底怎么了。我带他去过我们那儿的心理卫生中心，糊里糊涂做了很多题目。医生说他患了焦虑症，给他开了一些抗焦虑的药。吃药后刚开始几天，他说睡眠好了些，但服用一段时间后，睡眠又回到了原来的样子，白天又没精神了，还犯困。”

“能让我看一下药吗？”

“今天没带，反正是镇静一类的药，蓝色瓶装的。孩子说每天吃了这药，睡眠会好一点，但是白天晕晕乎乎的。我们听了觉得不妥，就不让他吃了，吃傻了咋整？”

差不多该换个话题了，不能老在睡眠问题上打转。

“介意说一下孩子的成长情况吗？比如孩子平时的性格，和你们的关系如何等。”

“他小时候很乖的，也不经常犯错，不像别的孩子很淘气，邻居都说他很懂事。他从小主要是我带的，他爸爸工作很忙，有时候只顾自己的事业，虽然我也很辛苦，但只要孩子懂事，我们就知足了。倒是他爸爸有时候脾气很差，对孩子要求也很严格。他常说自己的孩子一定要比他强，要有上进心，但是他陪孩子的时间却很少，可以说少得可怜。孩子平时也很斯文，话不多。哦，对了，他有一个爱好，就是打篮球。不过，我和他爸爸怕他打球受伤，不太让他出去打球，当务之急还是专心复习备考。”

“你认为孩子这段时间老睡不好觉，原因主要是什么？”

“原因？我不清楚啊。我不是说过了吗，我们也没逼他一定要考第一名啊！我为这个孩子可算是操碎了心。就为了他睡不好、白天学习没精神这事儿，我连这次单位出国培训都推掉了，想想还是孩子重要。你说他这个样子，学习成绩能好吗？我们能放心把他一个人放在学校吗？真要命。”

张女士的眼圈有些发红，但是她也在尽量克制自己的情绪。

她的素养还是很好的。

“以前孩子有过类似的现象吗？”

“学校里发生的事他回家从来不说，我都是从老师、同学那里打听的。好像以前他也失眠过。初一的时候，分班的前一个月，他就失眠了，睡得很不安稳，分班后就好了，其他的我也不清楚。”

我猜想小树的失眠和他感受到的压力有很大关系，和家庭的氛围、甚至家长的态度也有关。为了证明我的推断，看来需要进一步了解家长。

“能说说孩子爸爸吗？他是一个怎样的人？”

“一定要说吗？我觉得很没有必要。”

“最好能说一下，这很有必要。”

“是这样的。他爸爸很少管孩子，至少衣食起居不太管。但孩子的学习目标都是他定的，孩子考什么高中，以后干什么，他都要管。他是区劳动局副局长，平时单位管的事情特别多，我们家里鸡毛蒜皮的小事都不敢惊动他，但大事都是他说了算。还有，他的肝脏有些问题，遇事容易激动，经常说一些过激的话。我们结婚这么多年了，他总是这样，也可能跟他的工作环境有关系。我不怪他。”

“我已经了解了。走，咱们去看看小树。”

小树已经摆好了沙具，静静地坐在沙盘游戏室的椅子上。

这个男生真乖。

他摆放的是一个小孩，孤零零地站在院子里，周围全是各种形状的栅栏，没有河，没有湖，摆放的房子也沉入沙子当中。两个大人的模型放在孩子的旁边，和妈妈近，和爸爸远，而且爸爸妈妈彼此的距离也很远。他还摆放了一座教堂在角落，四周全是各种颜色的花草，草丛里面有一个怪兽，个头很大。

“你觉得自己幸福吗？”我随意问了一句。

“我希望是，可我觉得不是。我很烦……我帮你把东西放回去吧。”小树显得特别有涵养和有耐心。

可我却有点儿担心他的涵养与耐心。

我仔细品读着这幅沙盘画，处处透着无奈的压抑。

一个弱小的孩子，承载着父母沉重的期望，一对尚未丰满的羽翼，被无形的压力牢牢地束缚着。他说自己不幸福，这是他发自内心的呼声，父母是否能够听到？

按道理说，他的家庭是完整的，甚至是个让人羡慕的家庭。小树应该是个充满优越感的孩子，可事实并非如此。

通常，对于这种类型的来访者，我需要进行家庭治疗，或者说应该父母和孩子一起进行平等对话。

但可惜，张女士拒绝了，她说自己的丈夫是肯定不愿意走进这里的。既然如此，我就先建议孩子在家休息几天，母亲也不用全程陪同，让孩子自己看看书，尽量不要干扰他。

送走了他们，我的眼前浮现出一张张家长们担惊受怕的脸孔，有些还有记忆，有些没有了，似乎是一种时空的错觉。

可怜天下父母心！但我必须告诉自己，别太看得起自己，你也只能做你所能做的。我想，如果不是接触了这么多的家长和孩子，我就无法深刻地体会到父母对子女的爱。

通常来我这里的家长很多，相当一部分家长学历都挺高的，大多数也算得上是中产阶级了，物质条件不差，对自我要求很严格，对孩子同样也抱有很高的期望。

于是，家长自己时时处于应激状态，时刻处于焦虑之中，他们许多时候自己也失眠抑郁，这种情绪会无形之中传染给孩子。

世界上有两种人：一种是健康的人，还有一类是处于问题中的人。

一周后，按照约定，娘俩如约而至。

这次，我请张女士回避。

“小树，你几岁了？”

“15岁。”

“你成绩怎么样啊？”

“以前还好，现在不行了。”

“那你有什么想让我帮你的吗？”

“就是睡觉的事情。”

“是睡不着？还是老做梦？”

“失眠，说不好，就是担心。”

“担心什么呢？”

“担心睡不好会影响成绩。”

“听说你喜欢打篮球？”

“喜欢。你怎么知道？”

“你妈妈告诉我的。”

“哦，上次说的吧。”

“说说你对中国男篮的看法吧，我也很有兴趣。”我决定从他感兴趣的点入手。

“我觉得他们想取得好的成绩还有点难度。”小树忽然变得很有自信。

“是吗？不是有些球员个子很高，水平也不错吗？他们的实力很强啊。”

“没用，光有大个子有什么用。”

“呵呵，那你觉得问题出在哪里呢？是不是训练方法出现了问题？”

“不是。我觉得，虽然很多外国教练被高薪聘请到中国来，但是他们并没有在新环境下完全施展拳脚。而且有些人比赛功利意识太强，目标不够长远，团队协作意识也不够。”小树的状态明显比刚才要开放。

“小树，你说得很精彩，我也同意你的看法。其实，我也喜欢打篮球，打篮球让人感觉快乐。对了，你是打什么位置的啊？我是打5号位的。”我要趁热打铁。

“哇，你打中锋的啊，我是打大前锋的。”

“你能告诉我你为什么喜欢打篮球吗？”

“打篮球很帅气。”小树朝我挤了挤眼睛，十分可爱。

“你这么喜欢打篮球，那么我们有时间切磋切磋，这儿附近就有篮球场。”

“好啊，不过我可打不过你，呵呵。”这个年纪的孩子就是应该阳光点儿，朝气点儿。

“为什么呢？还没打你就认输了啊？”

“因为你是大人啊！”

“呵呵。”

“不过我发现一个问题，就是每次打完篮球，我都觉得好累。我很担心第二天恢复不了体力，影响学习。”

“那么除了打球后觉得累之外，平时上课的时候，复习的时候，考试的时候，有什么担心的吗？”我因势利导，开始绕回话题展开谈话。

“考试前会有，就像前几天全区统考，我就担心得厉害，晚上都没怎么睡好觉。那几天，同学们都说我有黑眼圈了。我认为只要睡觉问题解决好了，什么事情都好办了。你说对吗？”

“对的。小树，你不是住校的吗？是不是同寝室的同学太晚睡，吵到你了？”

“才不是呢，他们都睡得很好，我看他们十几分钟就睡着了，有的还打呼噜。而我，一两个小时过去了还睡不着。上周喝过医生配给我的药，才好一点儿。我上课时会经常担心今晚是不是会睡好，总是控制不住这种念头。这些话我和爸爸妈妈也说过，他们都说我是想太多了，可我就是忍不住啊。”

学生的思想没有那么复杂，而家庭和社会让孩子的心灵染上了很多原本不属于他们的东西，使他们产生了很多身体或心灵上的问题。而且我们很多学校都在做“加速度运动”，连让学生喘息的机会都没有。

我不禁思考：学生读书这么忙碌是为了什么？现在还有多少孩子知道究竟是为了什么而读书？他们读书真的感觉到幸福和快乐了吗？其实不然，他们往往是迫不得已的，他们中有些人长期处于被动学习状态中。

既然我和小树之间已经建立了信任，我并不急于一下子就把全部问题刨出来，而是决定让他自己慢慢地说出来。

我让张女士进来。

张女士不好意思地说："刚才你和孩子谈的，我偷听了一些，感觉您怎么就这么和孩子谈得拢，我真是感到惭愧，亏我还是做母亲的。"

"其实他没有什么根本性的严重问题，只不过他有时会对睡眠提出一些过分的要求，他需要你们的理解。"

张女士似懂非懂地点着头。

"小树挺会说的，他心里有股火，总要让他自己说出来才好。如果没有发泄的渠道，他就会出问题。"

"是的是的，您费心了，我看这孩子和您聊得很投缘，你好像很了解他在想什么。"

"打开孩子心门的钥匙其实还在你们手中，只不过您并没有去尝试，或者说并没有站在孩子的角度想问题，您不妨仔细想想。"

"您说得有道理。"

我把小树叫到跟前，结束之前给他布置好作业。

"小树你回去以后，把你第一次在睡觉时感到担心的场景回忆一下，比如是在什么时候？发生了什么？"

"嗯嗯，我回去想想看。"

"按照杜医师说的做。"妈妈强调了一下，似乎是命令的口气。

"又不是没听见。我长着耳朵呢。"叛逆期的孩子就是如此！

我每天和各式各样的人进行交锋，有时成功，有时却失败得一塌糊涂。

尽管我是如此无能，但我还是坚持着，哪怕只是给予他们片刻的温暖。

我喜欢在夜色中坐公交，倚靠在车窗，穿梭在街头。

在不熟悉的道路上，从起点站坐到终点，再从终点站坐到起点。

因为我知道，不论你怎样努力，有时你会不经意间回到原点，拥抱你最初的样子。

没过几天，办公室的电话声打破了平静。

张女士告诉我：小树又不想去上学了，还把她直接轰出了房间。

我叮嘱她现在别去打扰他，这个时候太关注他反而麻烦，让他先冷静一下。听我这么说，她有点儿郁闷地挂了电话。

第二天，张女士打电话跟我说孩子又愿意去上学了，只是还想见见我。我一听，很高兴。

治疗有时并不依赖多么高明的谈话技巧，而是依赖于双方的关系。

著名心理学家罗杰斯就认为：只要关系建立良好，治疗就成功了一大半。

按照约定，他们准时出现在我的工作室。小树一进门就和我打招呼，脸上挂着点点微笑。

“几天不见，你更挺拔了嘛，吃什么了啊？”

“我本来就长得高啊，哈哈。”

“还是委屈您回避一下，张女士，记住可别再偷听我们的谈话了。”

“没事，我保证不偷听。你们谈吧，我孩子很喜欢和您交流。”

我刚关上门，小树立马就放轻松了。

“杜医师，你好帅啊。”

“谢谢夸奖。上次给你布置的作业，你想好了吗？”

“想过了。那是我在初一的时候，我也不确定是不是第一次。那次是月考前的一个晚上，我翻来覆去睡不好，第二天精神就很差，考试的时候不断浮现昨晚失眠的情形。”

“你是一遇到压力就睡不好吗？”

“好像基本上是这样的。”

“如果现在让你对‘睡觉’这个词做一下联想，你能想到哪些其他词语？”

他闭上眼睛，沉思了一会儿："担心，紧张，翻来覆去。"

在他的潜意识里，他把睡觉和学习混为一谈。

他越是担心自己的睡眠，其实越暴露了他对学习的不满。这一点，他自己并不明白。

"能再说说你的学习吗？"

"最近退步了，其实也不是最近，初一分班后我不太努力，成绩一直在班级倒数5名内。"

"后来呢？"

"到了初二，我开始拼命努力，第一学期期末考试在班级已经进入前20名。"

"最好的名次说来听听？"

"初二平时成绩算起来，最好的时候是班级第15名。"

"那个时候你自己感觉怎么样？"

"很不错，毕竟自己努力后也排在班级中上游。"

"那么你爸妈对你的成绩有要求吗？"

"一开始还好，但后来要求越来越高，妈妈每天跟念经似的，我头都大了。"

"我想知道，你认为学习是为了谁？爸爸妈妈还是你自己？"

"都有吧，反正读书很令人心烦，考试成绩一不好就心烦。"

"你一心烦，睡眠就不好吧。"这是个核心命题，必须澄清。

“嗯。”一聊到失眠，小树就紧张了。

“现在请你闭上眼睛，躺下来，好好听我说话，可以吗？”

“啊？杜医师，是要玩什么吗？这么神秘？”

“让你彻底放松一下。记住，你只要照着我的话做，就可以了，其他的什么都别想。”

小树安静地躺在沙发上，闭上了眼睛。

“现在请尽量轻松地呼吸，你进入了深沉，更深沉的放松状态。外界的事物开始慢慢地离你越来越远，越来越远。你的心灵也开始变得很宁静，很宁静……”

“想象一下，你昨天又没睡好。你感到很焦虑、很痛苦。不过请你记住，今天睡不好，并不代表你身体有什么问题，明天还会睡得很好。不用太在意自己的睡眠，就像不用太在意自己的身体。你的学业没有任何问题，你的睡眠也没有任何问题，你应该有自信。你是个聪明的孩子，学业的压力只会让你变得更加强大，更加有力量。”

说这段话的时候，我的声音虽然很轻，但很有力量。为了保证效果，我将这段话重复了两遍。这些话需要根植到小树的潜意识中去，打破学习和睡眠之间的联系，让他的潜意识里不再焦虑睡眠的质量。

10分钟后，我唤醒了他。

“你感觉怎样啊？”

“很舒服，我睡着了吧，我好久没这么舒服地睡觉了。”

“你听得见我的说话吗？”

“很小声，不过还听得清。”

“那好。”

“不过杜医师，你语速有点儿快了，后面听不大清楚。”

虽然这次催眠的效果因为我的语速过快而打了折扣，但我坚信我和小树的前期讨论以及这次催眠会对他的问题产生积极的效果。

“现在我们来探讨一下你的某些想法，比如说你经常会很在意那些睡得很好的同学，你觉得他们好像显得坦然淡定。”

“我是觉得他们很坦然淡定啊！”

“那你下次可以好好问一下那些同学。”

“是该问问他们的。”

“还有，你上次说你觉得睡眠好的标准是什么？可以再说一下吗？”

“我觉得，一躺下就能睡着，入睡时间不超过15分钟，睡觉时没有做梦，这样才算一个好的睡眠。”

“你现在觉得这种想法有什么问题吗？”

“我觉得好像有点儿苛刻，其实睡觉做梦很正常。”

“是的，不仅做梦很平常，入睡时间也不必太严格。我平时睡觉都要一个小时后才入睡的，那按照你的理论，我是不是每天都失眠啊？”

“嘿嘿。”他会心一笑。

“你还能说说自己存在哪些类似的想法吗？”

“我认为我的睡眠一定要比别人好。”

“这是什么逻辑？为什么你的睡眠就要比别人好？难道睡眠不好你就不如别人吗？请阐述理由来说服我。”

“我觉得应该是这样的，睡眠不好我就觉得是我的能力有问题。”

“你觉得你刚才说的这一点站得住脚吗？”

“我忽然觉得有点儿莫名其妙。我的人品跟睡眠怎么会有很大的关系？”

“是的。其实你的大脑里充满着类似的不合理的想法，它们一直在影响你对睡眠的判断，对你造成困扰。你要学着去反驳它们，一旦这样的想法进入了你的大脑，就立刻去驳斥它们。一条一条，慢慢来。”

“这有点儿难啊，这些思想是不太好，可是有时候会忽然冒出来，我控制不了它们。”

“是的，不过按照我刚才说的方法做，坚持做，一定可以的。”

“以后只要这种想法再出现，就立刻去反驳它，是吗？”

“是的，你一定行的！”

调整小树头脑里的不合理想法，对他的问题会有很积极的作用。

认知辩论技术是我们帮助来访者建立新思想体系的一种技术。只要他坚持训练，这些想法会逐步减少，情绪也会因此而稳定一些。

失眠本身是可怕的，整天头昏沉沉的，全身没有力气，做事效率低下，这是失眠的后续反应。

我要帮助小树，让他走出失眠的泥沼，尽量减少他的痛苦。

但事情的发展并没有我想象的这么简单。

前途是光明的，过程是曲折的。

张女士又打电话来，汇报了小树的近况，说他的睡眠似乎比以前好了。但他最近只要一见到他爸爸，两人就吵。

我询问张女士是否可以安排他爸爸一起参加治疗，哪怕一次也行。

张女士让我不要抱太大的希望，又一次强调了丈夫的固执。

但作为一个医师，我也很固执。

我向张女士要来了她丈夫的电话，打了过去。

“喂，您好。请问您是小树的爸爸吗？”

“是，你是谁？”

“我是杜医师，方便和您聊下吗？”

“哦，你好，我爱人和你应该已经说得很清楚了啊。这孩子最近也不知道怎么了，不过他最近倒是稳定下来了，还是你有办法。你给我打电话是什么事？”

“是这样的，听说您和孩子最近闹得有点儿不愉快，是吗？”

“这就不劳你费心了。”说完他就挂了电话。

这就是我和孩子爸爸的第一次交锋，我有点沮丧。

难道工作就那么重要吗？我见过许多家长借口工作忙而忽略了孩子的身心问题。

小树的问题就在于自身的敏感，学习的压力使他产生了对睡眠的高要求，这个我会在工作室里做好处理，尽可能地帮助他。

可是，如果家长不能为孩子提供一个舒适的环境，孩子的问题一定会反复的。

小树是一个敏感的孩子，他有时看待事物很死板，认死理。

我怀疑，一旦压力很大的时候，他又会将压力转嫁，就像前段时间转向睡眠一样。

但是既然孩子没有主动来找我，那我为什么还要继续关注呢？我虽然帮他暂时消除了对睡眠的顾虑，但我总感觉这并不十分稳当。

其实，在处理很多来访者的问题时，我都会有些盲目的自信。我应该保持中立的原则。

我再次拨通了小树爸爸的电话。

“喂，你好。”

“你好，请问你是？”

“我是上次和您通过电话的杜医师。”

“哦，你还是为了孩子的事吧？”

“是的。本来想当面和您谈一下。但既然您很忙，您看您能否抽出一些时间，我们就在电话里交流一下？”

“既然这样，那就聊10分钟吧，一会儿我还有个洽谈会。”果然是领导作风。

“谢谢您的配合。”

“孩子的问题我知道，就是睡不好，没什么好大惊小怪的。既然孩子和他妈妈找了你，你就费点儿心了。”

“是没必要大惊小怪，但我们需要弄清楚根源。”

“孩子的问题就是很普通的睡不好嘛，又担心这，又担心那，瞎操心。”

“请你相信，孩子的问题绝不是简单的睡不好或者担心什么，而是深层次的压力，是一种类似神经症的表现了。”

“没那么夸张吧？还神经症？”

“我可以很负责任地说，我没有夸大事实。我的治疗目标就只有一个，就是让孩子健康成长。”

“难道这孩子真有问题了？”

“这方面我比你懂。”此刻，我需要保持自己的权威。

“那你说说，他到底有什么问题？”

“一个初三的孩子，本来睡眠不好是很普通的。但是，他再三出现一些不合情理的想法与担忧，而且还深信不疑，你觉得正常吗？”

“有那么严重吗？好吧，我承认，我平时工作忙，都没有很用心地管孩子。不过我还是很爱孩子的，各方面一向也是高要求的，他的考试和名次我都会过问。”

“小树的问题不仅仅是心理问题，也是家庭问题。您在生活上都没怎么管他，却在成绩上提这么高的要求，这合理吗？”

“这有什么不合理的？当然要提要求了，怎么说我也是他爸爸。孩子成绩这么差，怎么说得过去？这个问题你也介入了，应该可以解决了吧。”

“我只是一个医师，解决问题还需要您的配合。”

“我会随时协助你的。”

“您说得很对，还真的需要您的协助。我需要您端正态度，起码你要理解小树此时此刻的心理状态，才能避免问题的加剧。”

“作为孩子的爸爸，难道我会不希望孩子好吗？”

“这点我不怀疑，但是您的确轻视了小树的问题。”

“你能否说得清楚些，我有点糊涂。”

“您对孩子的问题进行分析、研究了吗？是不是没有沟通就妄下定论了？”

“什么意思，我怎么就妄下定论了？”

“您对孩子了解吗？”

“孩子主要是他妈妈在管，他妈妈更有发言权。”

“那在孩子的教育问题上，你和他妈妈沟通得怎么样？”

“一般吧，我想我也懂一些。”

“我个人认为孩子的这种情绪，您要付很大的责任。”

“这怎么又扯到我头上来了？”

“你并没有走进孩子的内心，你和他妈妈都不了解孩子，或者说没有真正地了解孩子。你过分关注了他的成绩，却没有觉察出他初三压力已经很大了。”

“谁都有压力，别人家的小孩也会有。”

“是的。但问题是，小树的性格是偏敏感型的，而且很容易多想，所以这样的孩子更容易受到挫折。”我突然加重了语气。

“这……可能你说的有道理吧。不过孩子成绩上不去，将来能有什么好前途？”

“您的心情我理解，但请您记住，一个人心灵的成长、情感的成长，远比他的成绩好坏要重要得多。”

“让我想想，下次再给你打电话。”

我放下电话，一手的汗水，不过有一种胜利的喜悦。

我内心也犯嘀咕：这样的单刀直入是否合适？会不会显得操之过急？但孩子的问题又的确需要解开那个疙瘩，所以只能让他疼。

几天过后，张女士告诉我，孩子爸爸竟然这两天能主动请小树出去吃饭聊天，其间竟然一点也没有问孩子的成绩，脸色也和蔼了很多。

她表示这是很不可思议的一件事。我笑了。功夫不负有心人。看来，执着与坚持在有些时候还是必需的。

半月后，我的手机里出现了一条未读短信：

“上次您说的话，我仔细思考了一下。可能我真的把自己的角色给搞混了。我的妻子和儿子是我生命中最重要的亲人，但是我可能有意无意把他们当成了我的下属。我觉得我很对不起他们。说实话，我读过一点儿管理心理学，但是感觉白读了。谢谢您这段时间对我儿子的关心，我一定会帮助他好好学习，健康成长。再次感谢您无私的帮助——超树爸爸。”

我真心希望，小树能每天睡个好觉。

家庭是一个系统，任何一个环节的运行不畅，都会导致整个系统的运作出问题。

如果自始至终，我们都拥有一颗健康的心，那才是人生真正意义上的幸福，因为健康的人生才是幸福的人生。

有些孩子，虽然拥有优越的家庭条件，但由于家庭期望过高，致使其日不静心，夜不能眠，进而导致其神经性的焦虑。

人都有双面性。原谅别人，才能正视自己。我们看见的冰山一角是害怕失眠，而看不见的暗礁却是深深的压力。失眠本身并没问题，失眠的背后才是我们需要挖掘的“宝藏”。人的心里有很多不为我们所知的角落。只有当我们把它暴露在阳光下，我们才会更深地了解它。

每当我回想起这段工作经历，我会把每个细节都咀嚼一遍，发现自己有时真的很执着。人生最大的难关，不是征服谁，而是读懂自己。

Mr.杜de笔记

故事中，小树的例子可谓是个典型。许多家庭夫妻双方与孩子沟通出现问题，一方过多干涉，一方基本在情感方面投入甚少。你可能会说，家长对孩子的物质投入相当大。但请注意，并非所有的孩子都“吃”这一套。

小树的失眠，看似是普通的失眠，其实是他的学习压力所致。这种压力是长年累月所积聚的。父母的高期待，自己的严要求，可能会把他逼疯。在故事中，小树将压力不自觉地转向了睡眠的质量上，这就是一个“心结”。如果这个坎过不去，这个心结又会打在何处，犹未可知。

青春期的孩子，学业考试的压力本来就很大。他们情绪不稳，易走极端，认死理，爱钻牛角尖。此时，家庭需要给他们建立一个积极和冷静思考的环境，而非再创设一个压力如山大的地方。俗话说，家庭是孩子心灵的港湾。当他们心累了，他们希望父母是最能依赖的倾诉对象。学习本质是为了快乐，为了健康，为了发展，而非身心俱疲。家庭的本质是和谐和沟通，只有诚挚平等的沟通，才会铸就孩子最健康的人生观和价值观，这远比成绩名次重要。

如果你周围有失眠的朋友，请注意以下几点。首先，失眠是心理引起，还是身体变化引起，或是气候变化引起，这个需要甄别。第二，失眠如果是由心理所引起，那么症结在哪里，需要找到，并找到“系铃人”解开。特别值得注意的是，失眠时服用药物一定要谨慎。

故事十一 追星记

我确实爱他，没有他，我不知道以后的生活还有什么乐趣。我喜欢他，喜欢他的表演，也喜欢他的私生活。总之，他的一切一切我都喜欢。他不是用形体在表演，他是用生命在演戏，他就是我心中的最爱。

据调查显示，近些年，国内一些明星在中国的青少年市场影响力激增。这不得不让我佩服那些造星公司和某些娱乐公司的功力。

说实话，有些拿着千万，甚至上亿年薪的明星，专业水平真的不咋地。

我就纳闷了：他们凭什么这么受欢迎？

恰好，我有一次亲临体验的机会。

某个国内偶像组合来北京办演唱会，我的好友恰好有余票，赠了我一张。

我的位置距离主舞台有一定的距离，只能远远望见那些明星的身体。

整场演出中，我着实体会了一把浓烈到爆的气氛，此起彼伏的鼓掌声、呐喊声和尖叫声混杂在一起，怎一个“火”字了得！

高潮来临。现场的粉丝们几近癫狂，泪流满面，哭喊起来。会场中几近嘶哑的声音，诠释着他们对这些当红偶像的偏爱。

活动结束后，大量粉丝涌出会场，听说是去追某位组合成员的车，更有甚者还要去这个偶像组合下榻的酒店拍照堵截。

回到酒店，我的心也久久不能平静，仿佛回到了青春年少一般。偶像明星的巨大光环，根植于多少粉丝的心中，准确地说，是深入骨髓了。

这是爱星？追星？迷星？恋星？反正我说不好。

不知何故，我的注意力反而总是聚焦在那些疯狂的粉丝，而非那些集万千宠爱于一身的明星身上。说实话，我很想知道这些明星究竟是如何让他们的粉丝为之疯狂的。

我自小也有明星情结，曾无数次幻想自己能成为明星，那该多么魅力十足。好了，别做梦了，梦是会醒的。当我看到粉丝见到自己的偶像时，那一张张兴奋的脸，真的是发自内心，激情满满的。

一位中年妇女带着她女儿来到了我这里，没有预约。

“你快没救了！这么迷恋他，可怎么得了啊！你帮忙给看看吧！再这样下去，你干脆别读书了！”看样子，母亲还在气头上。

“你们先坐下，慢慢说。”我起身去倒茶。

我扫了一眼旁边的女孩，她和我想象中的“追星一族”有些差距。

她没有夸张的发型，没有戴耳机，摇头晃脑，对周围人的话充耳不闻，也没有搞得标新立异。

“别急，您慢慢说，怎么回事？”

“是这样的，我女儿不知道怎么回事儿，迷恋上了一个男明星。现在她的微信里、QQ空间里，全是有关他的消息。我一开始也没注意，后来发现越来越不对劲，老师反映她上课开小差，作业也很不认真，成绩明显下降。这还不算，上个月居然还偷偷溜出去，看什么粉丝见面会，到现在我也不知道她钱是哪里来的。这个女儿算是白养了，说她两句，就翻白眼，一副要死不活的样子装给你看。”

“您女儿是去参加那位明星的粉丝见面会吗？”

“对对对，你说我们养她是为了什么？是为了她这样到处疯吗？真不知道羞耻，现在搞成这副德行。以前，不是有个女孩为了见自己的偶像，她爸爸就去卖肾支持她，听了就觉得瘆得慌。说实在的，我也不是那种蛮不讲理的人，你喜欢明星，我不反对。但你说，你为了他，不好好学习，还撒谎跑出去看什么见面会，真是太会胡搞了。听我朋友说你是这方面的专家，所以今天也没预约我就带着她来了，你给支个着儿，帮帮她吧。”

在妈妈严厉数落自己的同时，女孩倒是显得很镇定自若，时而深呼吸，时而发出“哼”的轻响，满不在乎，大有“我的世界你猜不透”的意思。

看情形，母女俩的嫌隙不小啊！

我请妈妈先出去，单独和女孩聊天。

“我该怎么称呼你？”

“叫我小白吧。”

“小白，挺可爱的称呼。”

“我喜欢这个名字。”

“介意和我聊会儿天吗？”

“可以。”她的回答相当干脆。

也很难得，许多被父母带来的来访者，都或多或少地排斥我，但她似乎没有。她在一旁坐下，双手轻松地撑着沙发，大有种“兵来将挡，水来土掩”的架势。

看来在她眼里，我是第N个“说客”了。

“小白，今天我们就聊聊你的偶像吧。”

“啊？我没听错吧？你不是我妈搬来的救兵吗？你难道不是准备说好多大道理，劝我好好学习的吗？”

我“扑哧”一下笑出了声。

眼前这状况，让我想起了电视剧《西游记》里孙悟空请观音来降服红孩儿的场景。

“我们今天啥都不说，就聊他。”我清亮一下嗓音。

小白瞪大了双眼，直直地看着我，不敢相信。

我起身打开了蓝牙音箱，让它循环播放小白喜欢的那位明星唱的歌，希望能为接下来的谈话创造一个良好的氛围。我们都听得很陶醉，尤其是她。

小白很想扭动自己的身体，配合着旋律跳舞。但显然她还是顾及这个地方的特殊性，极力掩饰着内心的小激动。

“其实我也挺欣赏你的偶像。”

“啊？不会吧？你也喜欢他？”

“是的，不相信吧？”

小白两眼放光，似乎找到了同盟战友的意味，兴奋地问：“那你对他感觉怎样，说说看？”

“三个词儿——阳光、帅气、正能量！”

“真的假的？别糊弄我。”她有点儿不相信。

“那我就先谈谈吧。他走的是高冷路线，帅气中不失阳光。最难得的是，他还是个暖男，这点我最欣赏。我看过他的一些公益节目，真的很棒。”

小白听着我的叙述，十分有兴趣。特别是当我提到她喜欢的那位男明星做过很多公益的时候，她便忍不住哭了。可能，她太压抑了，身边太缺少一个真正懂她的人了。

“你是啥医师吧？我不知道你姓什么。你太可爱了！我的爸爸妈妈，包括我的一些同学，都不理解我。这些话如果是从粉丝们嘴里说出来，我一点儿也不觉得奇怪。但是你，我知道你年纪不大，但是你毕竟不是他的铁杆粉丝，你说这些，我就觉得特别温暖。你刚才对他的评价，真的太好了！你也是他的粉丝吗？”

“粉丝谈不上，不过我也关注他。其实我本人也很爱表演，我小时候也有明星梦。要知道，没有色彩的生活是无趣的。同样，没有精彩的经历，生命是干瘪的。对于你们来说，没有对明星的崇拜，你们就会觉得生活里总缺少点儿啥。”

“哇，我好崇拜你！你说到我心坎里去了。没想到你对表演，对明星，对生活有这么深刻的感悟，真让我难以置信！”

“怎么，在你的心目中，我们这些人是不是都很古板啊？”我故作生气。

“没有啦，你和我原来想象的差距实在有点儿大。不过话说回来，我确实喜欢他，没有他，我不知道以后的生活还有什么乐趣。我喜欢他，喜欢他的表演，也喜欢他的歌曲。总之，他的一切一切我都喜欢。他不是用形体在表演，他是用生命在演戏，他就是我心中的最爱。”

小白说着说着两眼放光，丝毫不掩饰她对偶像的狂热之情。

“对啊，我很赞同你的观点。他的确是用生命在演绎着对生活的热情。只有那些热爱生命、充满着正能量的人，才能舞动这些青春的精灵。他不但长得帅，而且积极向上、乐观无畏，这更值得我们去珍惜和回味。他不仅自己美，还创造美、传递美。对吗？”

“是的，是的。哎呀，今天我算是遇到知音了，我第一次听到有人这样评价他。”

“他的表演，除了带给人视听的愉悦之外，还能丰富我们的情感，提高我们的生活品位。看得出来，小白，你也是个性情中人，很富有感情，你的情商一定很高。但一个热爱生活的人，一定是个有追求、有文化积淀的人。”我还是免不了要暗示些什么，我发觉我的角色转换得还是有些快了。我仔细地观察着小白的神情变化。

小白开始定睛看着窗外，似乎若有所思。

她在听我的话吗？

“你能这么评价我，我很开心，还是第一次有人说我情商高，真的很开心。”小白的声音略带沙哑，又好像被什么卡住了。

我让小白的妈妈进来：“我已经和孩子谈过了，回去以后你只要做到一件事情，和孩子一起看她的偶像参加的综艺节目，或者说你也去看看她的偶像主演的电视剧或电影，多和孩子沟通交流这方面的信息，有机会再约。”

小白妈妈狐疑地看着我，欲言又止。对于我这样的建议，真的没几个家长能够接受的。

“小白，下次有机会再聊啊。”

“谢谢，下次我会再来找你的。”

小白妈妈很不情愿地带着女儿离开了。

屋子里剩下的，只有音乐。

过了几天，小白妈妈一个人来到了我办公室。

“杜医师啊，我感觉她回去以后好像有点儿变化了，但还是不听劝，依然要看那位男明星的综艺节目，网上搜索一大堆，每天定时看。”

“不要着急，这要有个过程的。你刚才说到变化，具体指什么呢？”

“哦。她告诉我说只有懂感情的人才有资格爱别人，我听了这话很激动。这是我这一年听到最开心的话了。回去后她自己也会看些书，还主动帮我洗碗了，你那天到底和她说了些什么啊？”

“这个已经不重要了。”我微微一笑。

“杜医师，你上次说让我回去也看看她的偶像主演的电视剧，我做了，但我并不觉得很好看。”

“你看了？”

“看了啊。”

“感觉如何？”

“我觉得就是一个普通的小伙子啊。”

“是吗？我倒是觉得他蛮帅气的”

“反正我是没啥感觉，我觉得很普通。”

“我还是这些建议，如果你能主动接纳她的爱好，可能还有让她恢复到原样的希望，否则你们之间的关系彻底搞僵了，十匹马也拉不回她。”

“上次我就想问了，为什么一定要这样呢？换一种方法可以吗？”

“不好意思，只有这一种方法。”

“我都不知道我女儿迷恋他什么？”

“这就需要你转变思路了。你还是希望女儿好的，不是吗？”

“那是自然，哪个当家长的不希望自己的子女好？”

“所以，你要配合我。还有，你是否过段时间问问孩子需不需要她的偶像做封面的杂志或者海报，需要的话你帮她买。”

“这是不是疯了啊？这不是陪着她一块儿疯？再这么整天看着他，我女儿非着魔了不可！有时候我真搞不懂你想干什么。不好意思，我这人说话直。”

“其实，孩子的内心并不是一定真的很喜欢某个偶像，而是他身上的某种气质吸引了孩子，现在我也说不好。你帮她买杂志或者海报，其实是告诉她，妈妈是爱你的，妈妈喜欢你喜欢的东西。小孩子吃软不吃硬的，试试看。还有千万不要说是我让你这样做的。她问起来，就说你尊重她的选择。至于你能否按照要求来做，我也不勉强。”

“还能咋办呢？来你这里之前，不知道多少人苦口婆心地劝她别迷恋明星，都不如你第一次和她说话管用。姑且试试吧，装装样子嘛。”

“改变别人，首先要改变自己。我知道这对你来说不太容易，但谁知道跨出了这一步，是否会柳暗花明又一村呢？”

“我知道了，我尽力而为。”

我向她竖起了大拇指。而她，似乎还在怀疑我的判断，怀疑我的建议。

“冒昧地问一句，小白的爸爸平时对她好吗？能够理解她、支持她，平心静气和她说话吗？”

“别提这个人，他都不怎么管她的。小白以前身体不好，从小就体质弱，他也没怎么管过。小白上学后，他也不怎么关心她的学习。”

“哦。他是做什么工作的？”

“只是一个工厂里的小保安，一点儿用也没有。小孩现在这样，他只会骂她没出息，其他的什么也做不了。我怎么会嫁这么一个男人？”

“你别这样说。我只是觉得，小白的追星和家庭氛围可能也有一定的关系。”

“嗯？”

“这么说吧。小白的家庭并没有带给她很多的温情，这点你同意吧？”

小白妈妈沉默了一会儿：“嗯，好像有点儿。”

“这就让小白觉得家里没意思，这种感觉会在她的心里萌芽，成为她的一个痛处。这个痛处，她需要找到一个出口释放，而追星会是一个很好的释放方式。可以这么说，她的偶像在她的心里，更重要的是她的精神支柱。女孩和父亲之间的交流沟通很重要，如果一旦缺乏，很致命。这时候就需要一些外在的东西弥补一部分的情感缺失。靠什么？靠信念！谁能给她这个信念？她的偶像。小白的阅历不够，社会经验也不足，她懂的不多，她以为能从偶像身上找到缺失的爱。这种想法本身就是不成熟的，但她还小，不懂这些，我现在告诉你，你明白吗？”

“你的意思是不是说，家里人对她不够好，她感受不到家庭的温暖和关爱，这才使她迷上了什么男明星？”

“可以这么说。”

“那就是说我和她爸爸也有责任。”

“你觉得呢？”

“没想到还是我们的问题，一直以为是她青春期叛逆的原因。”

“你回去以后好好想想我们今天的谈话，怎么做就不用我再多说了吧。”

“还是那句话，我尽力去做。”

“期待你的好消息。”

人有时需要一点儿野性，不能总是太循规蹈矩。适度的反叛是成长的中很重要的一步。

一个人大部分的时间是在平淡中度过的，平淡的生活才最真实、最稳当。但人的激情呢，燃烧的激情也是我们所追求的，它不是生活的调味料，而是必需品。

我骨子里就是拒绝平淡和平庸的那种人。

周日早上，小白又来了。

“杜医师，送你的礼物。”小白笑嘻嘻地将一件白色T恤递给我。我仔细一看，是签有她偶像名字的衣服。

“你送给我了？无功不受禄，这让我诚惶诚恐啊！”

“别客气，我们都是同道中人。你说奇怪不，我妈最近居然开始说我偶像的好话，而且她也开始看他的综艺了，开始和我一起讨论他。太阳是不是打西边出来了？哦，是不是你让她看的啊？”

现在的小孩敏感得出奇，一个个不去做福尔摩斯真是屈才了。

“哪有，你想多了，可能是你妈妈被你同化了。”

“这怎么可能？不过她确实没像以前那么激烈地反对我追星了。”

“心里有点儿得意吧，看你的样子。”

小白吐了吐舌头：“好吧。问你个问题。你可要说实话。”

“你问，我一定知无不言，言无不尽。”

“你觉得追星有错吗？”

“这不是对和错的问题，每个人都有选择的权利。就像我，我爱运动，你爱明星，一样的道理，我们都会对某些东西或某个人表现出很眷恋的态度。”

“是的，不过我这样是不是有点儿过头了呢？”

“那我问你，你这么偏爱他，到底爱他什么呢？”

“这个嘛……他身上的气质？”

“这么不肯定？还是单纯的外貌？”

“我不是以貌取人的人哦。不过你也说得对，没几个人能抵挡得住他阳光帅气的外表。”

“是的，没错。不过他是不是还有什么其他地方吸引着你呢？好好想想。”

“嗯，让我想想……还有他勇敢做自己、勇往直前的精神，我也喜欢。”

“很好，很真实，我也很欣赏他这一点。你会很关注他的私生活吗？”

“这倒不会，我最喜欢的是他在舞台上和电视里的感觉。”

“明星也有两面，明星也是人。这你知道吗？”

“嗯，我知道的。有些明星根本不尊重粉丝，这种明星很差劲，我不会喜欢的。但我的偶像不是，他对自己的粉丝很谦和，对粉丝们都特别好。”

“明星和粉丝都是相互依存的关系，没有粉丝，哪有明星的光环。”

“也是，不过他是凭借自己的实力俘获粉丝的心，我坚信。其实我也知道，我的偶像也好，其他明星也好，都可能有我看不到的一面，但我宁愿相信他是完美无瑕的，这样我心里好过些。”

“他有值得你学习之处吗？”

“好多啊，勤劳、善良、孝顺父母，还有好多。”

“我认为还有乐观，他很乐观、很积极向上。”

“你说得太对了，不是每个明星都像他这样。他是传递快乐和乐观的人，被很多人爱着。笑容是他的标志，以后也会是我们的标志。”越聊小白越兴奋。

我趁势把话题引向其他方面：“你平时还有啥爱好，除了爱你的偶像之外？”

“没啥了啊，以前还偶尔和同学出去唱唱歌，现在也不去了。”

“那岂不是很空虚寂寞？”

“嘿嘿，有点儿。不过我有我的偶像，他就是我心中的Mr. Right，我不怕寂寞。”

“好了，不纠结这个了。说说看，如果用一种东西来比喻你心目中的偶像，你会用什么？”

“哈密瓜。”小白不假思索地回答了出来。

“此话怎讲啊？”

“一想到他就觉得甜呀。”

我很庆幸在刚才的对话过程中，我并没有贬低她的偶像，事实告诉我这样做是不明智的。

“看来他就是你理想中的白马王子啊。”

“没错。”小白笑得有些不好意思。

“刚才你说你不太会关注他的私生活，那你怎么看待和评价有些粉丝做很无聊的事情，就只知道一味地痴迷偶像？”

“他们啊，有点儿傻呗，我可不是那一类的，我分得很清的。”

“呵呵，我相信你分得清。你妈妈这么反对你追星，你生气吗？”

“生气管啥用。反正她越反对，我就越和她对着干。”

“你追星以后，你爸爸妈妈是不是更多地关注你了？”

“啥？”

“我的意思是说，他们是不是很在意你追星这件事儿，然后会齐心协力地让你不要这么迷恋你的偶像？”

小白点了点头。

“你对此的感觉是什么？”

“哼，平时不管，现在管了，没用。”

“你希望他们来管你吗？”

“我不知道，反正说多了我就不耐烦了。”

“你觉得他们对你好吗？”

“我妈老管我，这个不许做，那个不能碰。我爸倒不怎么管，他在家里没什么地位，也不太说话。我有时候好羡慕其他同学，能和自己的父母像朋友一样沟通交流。”

“你更怕的是他们不理你？还是更怕他们过多地约束你？”

“都不想，两个都不想要。他们都想控制我，我又不是没有思想。他们凭什么？有时好想躺在我偶像的怀里哭，想了千百次了，做梦都想。”

唉，可怜的小白！

其实，我有个假设：小白迷恋明星后，反倒是引起了父母强烈的关注，这种关注也是小白很缺乏的，成为她内心世界落寞孤寂的宣泄口。

“杜医师，你其实还是反对我追星的，是不是？”小白冷不丁地来了这么一句，弄得我很尴尬。

“对此，我持保留意见，你能明白我的意思吗？”

“那就好，我就知道你年轻。但你上次你说的一句话，现在我都还记得。”

“哪句话让你感触这么深啊？”

“就是什么生活和明星之间的关系，这样类似的话。”

“哦，我知道了，你还记得啊？”

“是的，当然，我们需要明星，也需要生活，爱生活和爱明星是一样的，我不会做出格的事情，我都快是成年人了呀。”

“不过，畸形的追星就像喝慢性毒药一样，慢慢地会让你深受其害。有时候，追星的激情来得快，消退也很迅速。”

“我明白，我向你保证，还不行吗？”

“呵呵。你以后想做什么呢？小白，你的理想是什么？”

“说出来不怕你笑话，我想当兽医，我想去远一点儿的地方生活。”

“看得出你很有爱心啊。不过你这么爱你的偶像，不想成为和他一样的明星吗？”

“不可能的啦，我只是喜欢他，我知道自己能做啥不能做啥。”

“那如果你想当兽医，现在你觉得你需要做什么呢？”

“学习呗。你又绕回来了……”

“被你发现了。”我和她都笑了。

我随手在电脑上打开一张她偶像的写真图片，点击放到最大。

小白看着我的举动，丈二和尚摸不着头脑。

“我知道你最喜欢他，现在你有什么话要对他说吗？”

“杜医师，你也太搞笑了，他又听不见。”

“他是听不见，但我想，你不会对他说谎吧？”

“永远不会的。我会永远支持你，我的偶像！我会做一个有担当、有爱心、有追求的人。”

“你要保证哦，在你偶像面前不能食言啊！”

“不会的，我保证！”小白说得好大声。

“小白，真正懂得体会生活的人，知道用自己的心去看世界，不要太较真儿，要学会忘却，学会等待。”

事情发展到这里，大家一定会觉得小白取得的进步很大。的确，她是个很有慧根的孩子，内心很纯净，也能第一时间猜到我所要表达的意思。

但一两次的谈话根本不可能让她停止追星，况且我也不想这么做。

我要做的是让她的家庭接受她的现状，让她重新审视自己的行为，知道自己是谁，从更积极的视角看待偶像的光环，发觉自己的潜能。

元旦即将来临，街上也平添了几分节日的气氛。

这次，小白一家三口来到了我这里。

小白的爸爸先说话了：“真没想到，我女儿喜欢的偶像这么有魅力。我问了我们单位的同事，他们的女儿很多也迷上这个男明星。我女儿其实很乖的。这次真的要谢谢你了。”

“您太抬举我了，我只是个普通人而已。小白，你感觉你的家庭有什么变化吗？”

“更温馨了。我从来没想到我父母会对我喜欢的明星这么上心。”

“你倒是如鱼得水了啊。”

“他们这么做，我反而觉得不好意思了，要抓紧时间学习了。其实原来他们反对的时候，我就想着和他们较劲，谁也别想管我。”

“哦？我现在感觉你有点儿化茧成蝶的意思，蜕变了。”

“别拿我开涮了，杜医师。有时候我心情不好，压力大的时候就会听我偶像的歌”

“你愿意和我们一起分享一下吗？今天正好你爸爸妈妈也在。”

“前段时间我的学习压力很大，这不我妈特意给我买了一个蓝牙音箱，还给我下载好了他的歌，真的超级好听。我会听着他的歌入睡，很温暖，很浪漫。”

我们三个人都不约而同地鼓起掌来。

“我最近听他的歌的时候，发现其实很多人内心都隐藏着许多不为人知的一面，但只要转变观念，就能进入自己所希望的生活中去。”小白忽闪着双目，炯炯有神。

“你一直是爸爸妈妈的骄傲，小白。”妈妈一把把女儿搂在怀中，抚摸着她略显毛糙的头发。

一分钟过去，两分钟过去，无声胜有声……

“我们一起做个游戏吧，不知道你们一家人是不是乐意？”还是我开口了。

他们一家三口都表示同意。

“请你们闭上双眼，做三次深呼吸。然后努力想象这样一个画面，在你们家的客厅里，好好想想你们家客厅的布局，电视、沙发、茶几、吊灯，都在什么地方。等这幅画面清晰以后，点头示意我。”

三人几乎同时点了头。

“很好。请小白想象一下。你的身体越来越轻，慢慢地飘到了客厅的天花板上，请你俯视家里。你会看见妈妈正在做饭，看看她在做什么菜。看看爸爸正在修电水壶，他修得很认真，很投入。这时候，你会发现他的脸是那么平静，眼睛是那么清澈。他的心思多么细腻，他的样子多么朴实。爸爸妈妈也请看看你们的女儿，她此刻正在书桌上写作业，多么认真。她要的并不多，只是世间最平凡的父母之爱。请你们看看彼此吧，读一读家人内心最纯最美的东西。”

我一边引导，一边观察三人的表情变化。小白的眼眶红了，眼睛不住地转动。小白父母也都流出了泪水。

我停止了说话，让他们一起享受这难得的时刻。

Mr.杜de笔记

青春期的少年追星是非常普遍和正常的一件事。在不影响学习和生活的情况下，追星并无伤大雅。谁都有追求自己偶像的权利。但是，一旦追星过头了，或者影响了自己正常的生活，突破了自己的底线，这就成问题了。青少年追星这事儿，引导得顺，皆大欢喜；引导不畅，冲突激烈。

青少年追星图什么？你要明白是什么让孩子如此疯狂地爱着他的偶像？学习、个性、家庭的原因都会造成孩子追星，这要仔细辨别。不要责骂孩子无知，谁没年轻过呢？一味地谩骂和隔断他与偶像的距离，只能让你们的亲子关系更加紧张。

作为父母，其实完全可以把孩子追星这件事儿当作一个修复或增进亲子关系的桥梁。尝试着了解他的偶像，说不定你也会爱上他！当你们因为共同的人或事，有了共同的话题，你会发现原来孩子的内心世界是如此纯真和简单。当孩子把你当作知心朋友时，你就会发现，家庭教育最有效的方法，其实就是和孩子成为朋友，跟孩子共同成长。

后记

合上这本书，你一定会问：为什么我会在故事里看到自己？

因为——我们都不完美。

杜仁，来到了古城的一间客栈。

晨起，一缕阳光射进来，暖暖的。

他伸个长懒腰，对着镜中的自己说：“可爱的家伙，很高兴认识你。”

杜仁，渡人的意思，也就是帮助别人，做好事。

杜仁在帮助这些孩子成长的同时，自己也变得乐观了。

帮助别人容易，遇见自己太难。

调治别人容易，疗愈自己太难。

从你的青春期路过，我停了下来，听你娓娓道来。

我感受到了你的迷茫。

可是，始终会有一丝光亮，指引着我们前行。